Von Herzen wild
50 Jahre – 100 Geschichten

Das Jubiläumsbuch

MAXIMUM

Willkommen zu einer unvergesslichen Reise durch 50 Jahre Abenteuer und Erlebnisse im Serengeti-Park Hodenhagen

„Unsere Besucher und unzählige Fans besuchen uns nicht einfach – sie lassen uns ihre Begeisterung spüren, stärken und unterstützen uns."

Einer der größten und faszinierendsten Tier- und Freizeitparks Europas feiert sein 50-jähriges Bestehen und das große Abenteuer Safari. Millionen von Besuchern haben in den letzten fünf Jahrzehnten viel erlebt: unvergessliche Tage voller beeindruckender Begegnungen mit Tieren und Menschen.

Tauchen Sie ein in die Welt der wilden Tiere, erleben Sie die Magie der Natur hautnah und lassen Sie sich von den Geschichten berühren. Hier erzählen Besucher und auch Mitarbeiter, Freunde und Wegbegleiter ihre ganz besonderen persönlichen Geschichten. Von den ruhigen Anfängen im Jahr 1974 bis zur Gegenwart – Erinnerungen, Erlebnisse und Begegnungen voller Chaos, Humor, Spannung und ganz viel Liebe.

Emotional, humorvoll und familiär – ein Buch wie eine herzliche Umarmung.

Ein absolutes Muss für jeden Fan der Safari!

Gesammelt und
zusammengestellt von
Dr. Fabrizio Sepe

SERENGETI PARK
HODENHAGEN

VON HERZEN WILD

50 JAHRE – 100 GESCHICHTEN

Das Jubiläumsbuch

Hauptstraße 33
27299 Langwedel
www.maximum-verlag.de

Interviews, Texte und Bearbeitung durchgeführt von: Marion Gay

1. Auflage 2024
Korrektorat: Angelika Wiedmaier
Layout: Alin Mattfeldt
Covergestaltung: Alin Mattfeldt
Umschlagmotiv: © fotoslaz / Shutterstock
E-Book: Mirjam Hecht

Druck: CPI books GmbH
Made in Germany

ISBN 978-3-98679-054-7

Ich widme dieses Buch – gerade jetzt nach der fürchterlichen Hochwasserkatastrophe – jedem einzelnen Kind, das seine Spardose geplündert hat, um uns zu unterstützen. Ich widme dieses Buch außerdem allen, die in fünf Jahrzehnten alles gegeben haben, um den Serengeti-Park dorthin zu bringen, wo er heute steht.

Dr. Fabrizio Sepe

LIEBE UND ANDERE GLÜCKLICHE EREIGNISSE

DAS GESCHENK

Es klingelte. Vor der Tür standen meine Freundinnen. Sie hielten einen großen Umschlag in der Hand. „Überraschung!", riefen sie. Ich war ein bisschen überrumpelt. „Was macht ihr denn hier?", fragte ich, und sagte dann: „Kommt rein!"

Wir hatten uns länger nicht gesehen. Coronazeit. Aber das war nicht alles. Ich hatte eine furchtbare Pechsträhne gehabt. Unsere gesamte Familie, eine Großfamilie, wie man so schön sagt, war in den letzten Jahren von Pech sozusagen überschüttet worden. Es klebte an uns und ließ sich nicht abstreifen.

Während ich das Kaffeewasser anstellte, kam mir nochmal alles in den Sinn. Die schweren Jahre. Klar, die Coronazeit hatten alle miterlebt. Ich allerdings hatte monatelang im Bett liegen müssen: Ich war schwanger gewesen und es hatte Komplikationen gegeben. Also durfte ich nicht mal durchs Haus watscheln. Absolute Bettruhe. Als unsere Tochter dann, viel zu früh, geboren war, pendelten wir wochenlang zwischen Frühchen-Station und zu Hause. In Folge der Medikamente und Geschehnisse in der Schwangerschaft wurde ich erneut krank und konnte das Haus wieder nicht verlassen. In der Zwischenzeit verlor mein Mann beide Elternteile.

Und als es gesundheitlich endlich aufwärts ging, waren wir emotional als Familie so angeschlagen, dass wir uns mit unseren zwei Asperger-Autistenkindern und dem anfälligen Frühchen ohnehin nirgendwo mehr hin trauten.

Ich brachte den Kaffee ins Wohnzimmer. Auf dem Tisch lag der Umschlag. „Nun mach schon auf!“, forderten mich meine Freundinnen auf. Ich zögerte. Was mochte wohl darin sein? Ein Blumengutschein? Ein Los? Als ich den Umschlag schließlich öffnete, plumpsten Jahreskarten für den Serengeti-Park heraus.

Für die ganze Familie! Wahnsinn!

Wir waren jahrelang nicht mehr in den Urlaub gefahren, jahrelang kaum vor die Tür gekommen. Ich freute mich so sehr.

„Ihr seid ja verrückt!“, brachte ich heraus.

„Wir haben lange überlegt, was wir dir schenken“, sagten meine Freundinnen. „Für all die Masken.“

Ach ja, ich hatte im Frühling 2020 angefangen, Masken zu nähen, und hörte dann gar nicht mehr damit auf. Ehrenamtlich hatte ich wohl so ungefähr 2000 Masken genäht, zusammen mit der Familie. Ich hatte sie zum Verschenken an den Zaun gehängt und mich gefreut, dass die Leute sie so begeistert mitgenommen hatten. Ich hatte schon gar nicht mehr daran gedacht. Für mich war es selbstverständlich gewesen, mein Näh-Talent für die Gemeinschaft einzusetzen. Und nun konnte ich mein Glück kaum fassen. Jahreskarten für den Park!

Ich muss gestehen, wir hatten zunächst Herzklopfen und ein paar schlaflose Nächte. Wir hatten Angst, die Kinder im Park im Gedränge zu verlieren. Wir hatten Angst vor den vielen Menschen. Wir hatten Angst, dass unsere Autisten durchdrehen könnten. Angst, dass sich das Frühchen einen Infekt holen könnte. Angst, dass wir alle überfordert und gestresst wären. Und so weiter und so weiter.

Aber dann, es war im Sommer 2022, fuhren wir in den Serengeti-Park und es war einfach nur toll. Von da an kamen wir fast täglich dorthin. Die beiden Asperger sind aufgetaut, vor allem der Große änderte sich positiv. Wir konnten beobachten, wie er plötzlich auf Menschen zuging, spontaner wurde, lebendiger, ja, fast ein völlig neuer Junge wurde. Der jüngere Asperger (frische sechs Jahre alt) zählt seit dem 31. Oktober die Tage, bis der Park aus der Winterpause erwacht. Er liebt Kalender und weiß genau, welche zeitlichen Abstände etwas bedeuten. Das fasziniert ihn seit jeher. Bisher war er immer sehr in seinen Ängsten und selbst auferlegten Regeln gefangen. Im Park allerdings lebte er plötzlich auf und fuhr sogar mit dem Safari-Blitz-Kidz. In Endlosschleife! Dieses Kind, das sich sonst nicht einmal hochheben ließ, blühte auf.

Letztlich muss ich sagen, dass auch ich mich durch die Besuche im Park positiv verändert habe. Ich konnte nach den vielen Schicksalsschlägen (Krankheiten,

Bandscheibenvorfall, Verlust meines Sohnes, Verluste in der Familie, Erkrankung meines Mannes, etc.) meine eigene Scheu und die selbstauferlegten Ketten sprengen und wurde wieder zu dem offenen, freudigen Menschen, der ich früher gewesen war.

Alles dank der Jahreskarten.

Molly

DER HEIRATSANTRAG MIT FOLGEN

Es begann vor 2 Jahren, im August 2021, als wir das erste Mal aus 400 km Entfernung zum Serengeti-Park reisten. Wir waren sofort begeistert und wussten, hier waren wir ganz sicher nicht zum letzten Mal.

Bei unserem ersten Besuch plante mein Mann mit Ihnen zusammen seinen Heiratsantrag, bei dem er viel Unterstützung bekam und wir einen unvergesslichen Abend in Ihrem Restaurant hatten. Natürlich sagte ich JA und wir wurden von allen Mitarbeitern im Restaurant so gefeiert, dass wir uns noch wohler fühlten.

Ein Jahr später kamen wir wieder zu Ihnen in den Park. Bereits verheiratet, verbrachten wir mit einem Teil unserer Familie ein paar schöne Tage bei Ihnen. Es waren Tage, die sehr entspannt verliefen und die wir sehr genossen haben.

Das Unglaubliche passierte dieses Jahr im August. Wir kamen wie jedes Jahr mit Familien und Freunden in den Park, um ein paar schöne Tage zu genießen, doch dieses Mal waren mein Mann und ich nicht allein! Ich war in der 29. Woche schwanger und unser Sohn Milian Romé dachte sich wohl, jetzt, wo Mama im Serengeti-Park ist, will ich auch sehen, wie es dort ist. Am Nachmittag unseres zweiten Tags platzte plötzlich meine Fruchtblase.

Ihr Ersthelfer und Ihre Mitarbeiter vor Ort waren großartig. Hierfür möchten wir Ihnen noch einmal danken! Wir fuhren zunächst nach Walsrode ins Krankenhaus, dann weiter nach Hannover, wo der kleine Milian Romé zwei Tage später, am 12. August 2023, zur Welt kam.

Ihren Park wird er dieses Jahr nicht mehr sehen können, aber wir freuen uns jetzt schon darauf, im nächsten Jahr wiederzukommen, dieses Mal mit unserem Sohn.

Fabienne & Frank Di Giovanni

IM TIEFSCHLAF

Wir haben schon viele Touren bei euch im Park mitgemacht, aber besonders in Erinnerung geblieben ist mir diese Tour an Halloween 2021:

Glücklicherweise hatten wir noch Sitzplätze für den Unimog ergattern können. Unser Fahrer war Micha, und er war wirklich super. Das Lustigste war aber die Geschichte mit diesem Jungen, den wir mit an Bord hatten. Er war nicht mehr so richtig klein, ich schätze ihn auf acht oder neun Jahre. Er muss wohl von all den Abenteuern und Eindrücken des Tages so erledigt gewesen sein, dass er einschlief, kaum dass die Fahrt begonnen hatte.

Der Parcours war damals noch holperig, überall Schlaglöcher, sodass wir oft aus unseren Sitzen flogen. Das war unglaublich toll. Wir hatten so viel Spaß und lachten uns halbtot, und nicht mal von unserem Gekreische wachte der Junge auf.

Am Ende der Tour meinte Micha, es wäre doch schade, dass der Lütte nichts von all dem Spaß mitbekommen hätte, und er würde wohl noch eine zweite Runde fahren müssen. Wir freuten uns, hatten unseren Spaß, nur der Junge bekam immer noch nichts mit. Er war im totalen Tiefschlaf.

Erst als wir die zweite Runde beendet hatten, wachte er auf. Tatsächlich machte Micha dann noch eine dritte Runde. Für die kleine Schlafmütze an Bord.

Sabrina Oertel aus Hamburg

DAS ERSTE DATE

Ping! Mein Herz schlug schneller. Wieder eine Nachricht von ihm. Wir hatten uns über Tinder gefunden. Sein Foto hatte mir sofort gefallen, und mir gefiel, wie er schrieb. Trotzdem war ich vorsichtig. Eigentlich glaubte ich nicht an Dating Apps. Besser gesagt, nicht an den Erfolg von Dating Apps. Die Auswahl war so groß. Was wusste ich denn? Vielleicht hatte er noch zehn andere Frauen, denen er schrieb? Und natürlich macht man das so. Nicht nur auf den einen verlassen. Alles besser nicht so ernst nehmen. Und obwohl ich mir das jeden Tag sagte, konnte ich doch nichts daran ändern, dass seine Nachrichten mir unter die Haut gingen. Nach einiger Zeit begannen wir, uns ein Treffen auszumalen.

„Was meinst du?“, fragte er.

Wir schrieben nun schon seit Wochen miteinander. Täglich. Ich zögerte. Was, wenn er mir in Wirklichkeit nicht gefiel? Oder er mich langweilig fände? Wahrscheinlich ging es ihm ähnlich. Er hatte auch keine Eile. So schrieben wir weiter. Bald hatte ich das Gefühl, ihn schon ewig zu kennen. Und trotzdem. Ich weigerte mich immer noch, das Ganze ernst zu nehmen.

Meine Freundin machte sich über mich lustig. „Du bist so feige!“, sagte sie.

Nein, nein, wiegelte ich ab. Nicht feige, nur vorsichtig. Immerhin bestand die Gefahr, dass seine Fotos uralt waren, oder schlimmer noch, gar nicht von ihm. Es war 2016, ich kannte niemanden, bei dem sich eine Tinder-Bekanntschaft als große Liebe herausgestellt hatte.

Aber es konnte ja nicht ewig so weitergehen. Dass ich so gespannt auf seine Nachrichten wartete. Also gut, sagte ich mir, es war Frühling, die Insekten schwirrten herum, die Frösche quakten und ich schrieb ihm, ich sei bereit für ein Treffen. Er gab mir seine Adresse. Es war ein paar Orte weiter.

Ich fuhr mit dem Auto zu ihm nach Hause. Dabei hatte ich die warnenden Stimmen im Kopf. „Bist du verrückt? Du kennst ihn gar nicht wirklich. Was, wenn er jemand ganz anderes ist, als du dir vorstellst?“

Mir kam in den Sinn, dass es riskant sei, zu ihm nach Hause zu fahren. Warum hatten wir uns nicht in einem Café in der Stadt verabredet? Neutraler Boden. Öffentlichkeit. Zum Glück war die Fahrt nicht weit, sonst wäre ich umgekehrt. Wobei, ich war natürlich furchtbar neugierig auf ihn. Ich freute mich. Erst recht, als er nach meinem Klingeln in der Tür stand und noch viel besser aussah als auf den Fotos.

Er hielt seinen Autoschlüssel in der Hand. „Ich hab mir was für uns überlegt“, sagte er und grinste breit. „Kennst du den Serengeti-Park?“

Klar kannte ich den! Ich war aber sehr lange nicht

mehr dort gewesen. Er hatte sich gemerkt, dass ich Tiere mochte. Meine Nervosität legte sich sofort.

Schon im Auto redeten wir drauflos, als würden wir uns ewig kennen. Was soll ich sagen? Wir hatten einen wunderschönen Tag im Park. Im Nachhinein denke ich, wer kommt schon auf die Idee, so ein erstes Treffen zu machen? Niemand hätte aus der Situation fliehen können, wenn es mit uns nicht gepasst hätte.

Aber es passte gut. Sogar sehr gut. Seit dem Tag haben wir uns lieben gelernt und 2021 eine kleine Tochter bekommen.

Im vergangenen Jahr haben wir dann zu dritt eine Nacht im Serengeti-Park verbracht. Auch das war ein wunderschöner Kurztrip und wir würden es immer wieder machen.

Janine und Torben

DIE KINDER UND DER PARKINHABER

Wir sind Familie Fiedler aus Gebstedt – eine große Familie mit sieben Kindern, und besitzen seit zwei Jahren Jahreskarten. Seitdem kommen wir so oft wie möglich als Tagesgäste zu euch in den Park.

Und nun möchte ich von unserem schönsten Erlebnis berichten.

Neulich im Park bin ich mit unseren Kleinsten zum Wickeln gegangen, während die anderen Kinder vor dem großen Restaurant in der Nähe des Haupteingangs spielten. Als ich fertig war und wieder raus zu meinen Kindern kam, erlebten wir Eltern eine mega Überraschung.

Nun muss ich erst einmal erklären, dass meiner Kinder große Fans des Parks sind und sich auch die Videos vom Park auf YouTube ansehen. Vor allem mochten sie die Weihnachtsgeschichte sehr gerne. Seitdem haben sie den Serengeti-Park YouTube-Kanal abonniert und schauen regelmäßig die Beiträge.

Nun kam in der Zeit, als ich im Toilettenbereich war, gerade der Parkinhaber mit seiner Frau und seiner kleinen Tochter vorbei. Da meine Kinder solche großen Fans sind, haben sie ihn gleich erkannt und angesprochen.

Ich stand da also mit dem Kleinen und sah meine anderen Kinder im Gespräch mit Fabrizio Sepe vertieft!

Sie winkten mich gleich heran, strahlend und glücklich, und riefen: „Machst du ein Foto von uns? Wir haben ihn gefragt, wir dürfen das!“

Der Parkinhaber setzte sich also mit meinen Kindern in Position. Ich nahm das Handy heraus und machte von diesem Erlebnis Bilder. Der Parkinhaber, ganz sicher ein vielbeschäftigter Mann, nahm sich sehr viel Zeit für uns. Er fragte, wie es uns im Park gefalle und hörte interessiert zu, was meine Kinder und ich als Mama zu erzählen hatten. Wir erzählten ihm, dass wir fast jede Woche dort hinfahren. Dass wir als Familie diesen Park richtig super finden und dass es immer wieder ein schönes Erlebnis ist, herzukommen.

Es ist jetzt schon ein bisschen her, aber meine Kinder sind von diesem Treffen noch immer so begeistert, dass sie es überall erzählen.

Für uns war das das schönste Erlebnis im Park. Wir waren schon in so vielen verschiedenen Freizeitparks in Deutschland, Holland, Belgien und Dänemark, aber nirgendwo haben wir einen Parkinhaber sehen oder sprechen können, geschweige denn ein schönes Foto machen können als Erinnerung. Ich glaube, so etwas geht nur bei euch.

Unser Fazit: Herr Sepe ist ein sehr sympathischer, netter, gastfreundlicher und kinderfreundlicher Mann. Wir werden dieses megaschöne Erlebnis niemals vergessen und halten bei jedem Besuch Ausschau nach ihm!

Familie Fiedler

KINDERFANTASIE AUF TOUR

„Oooooopaaaaa! Jetzt geht sie los, die Jeep-Tour. Du musst einsteigen!“ Mein vierjähriger Sohn sitzt auf einem umgedrehten Blumenkübel. Vor ihm ragen zwei Dekostangen aus dem Boden. In seiner kindlichen Vorstellung sind die Stangen, an deren Enden Kugeln stecken, Steuerhebel für seinen Jeep.

„Ooooopaaaa! Wir können nicht mehr länger warten!“

Gemütlichen Schrittes nähert sich der Opa. Er setzt sich auf einen Gartenstuhl.

„Ach, die Oma muss auch mit. Ooooooooomaaaaaaa!“

„Ja, was ist denn?“ Meine Schwiegermama kommt aus dem Haus heraus.

„Die Safari-Jeep-Tour geht los. Einsteigen!“

Oma setzt sich auf den zweiten Stuhl.

Der Vierjährige rückt sich seine Headset-Nachbildung am Kopf zurecht: „Habt ihr alle gute Laune?“

Ein lang gezogenes „Jaaaaaah“ kommt aus zwei Mündern gleichzeitig.

„Ich muss euch warnen, unterwegs treffen wir auf Krokodile. Seid ihr alle angeschnallt?“

Wieder ein langes „Jaaaa“.

„So, dann geht unsere Tour durch die Serengeti los. Wir befinden uns zugleich am Anfang auf dem höchsten Punkt weit und breit. Fast so hoch wie die Zugspitze können wir von hier aus den Giraffen tief in den Hals blicken."

Kindliche Fahrgeräusche vermitteln Oma und Opa, dass das Fantasiefahrzeug mindestens 60 km/h fährt.

„Und hier könnt ihr das letzte Einhorn sehen. Nirgendwo sonst könnt ihr eines finden, das gibt es nur bei uns im Serengeti-Park."

„Ahs" und „Ohs" kommen aus den hinteren Reihen.

Per Mund produzierte Geräusche steigern die Jeep-Geschwindigkeit auf 80 km/h.

„Wird Zeit, dass wir den Jürgen besuchen."

In meinem Kopf taucht ein Bild von einer Puppe auf, die an einen Baumstamm gebunden wurde. Vor ihr steht ein weiblicher Vogelstrauß und redet mit zuckersüßer Stimme: „Beachten Sie ihn nicht …"

Weitere Worte bleiben tief in meinem Gehirn verborgen. Meine letzte Safari-Tour im Serengeti-Park ist zu lange her, als dass ich mich gut erinnern könnte. Aus Angst, mir könne übel werden, verzichte ich seit Längerem auf eine Fahrt.

Grinsend streichele ich meinen runden Bauch und flüstere ihm zu: „In zwei Jahren kommst du auch mit auf eine Tour."

„Wuuuuääääääh!" Die Haut an meinen Ellbogen zieht sich zusammen und meine Nase beginnt zu kribbeln. Das passiert mir immer, wenn mein Kind weint. Es ist mein persönlicher Mamaschmerz.

„Oh, was macht dich traurig?" Unelegant knie ich mich neben mein ältestes Kind, versuche ihn zu umarmen.

„Mein Mikrohoofoooooohn." Dicke Kullertränen purzeln über seine unteren Lidränder und tropfen auf sein T-Shirt.

„Mmmmh, das ist doof." Ich greife die beiden Plastikstücke, die er in seinen Händen hält.

„Kannst du das reparieren?" Große Augen flehen mich an.

Kopfschüttelnd löse ich einen weiteren Moment lauten Weinens aus. Und es tut weh. Schrecklich weh, ihn derartig enttäuschen zu müssen. Die Dschungel-Safari-Tour ist seine liebste Attraktion. Sie ist Pflicht. Weil wir meist nur an den Wochenenden den Park besuchen können, nutzt mein kleiner Engel den Garten seiner Großeltern, um an den Serengeti-Park-freien Tagen die Tour nachzustellen. Von Mal zu Mal verfeinert er seine Imitation. Kürzlich kam das Headset mit Mikrofon, das jeder Fahrer nutzt, um die Fahrgäste mit Informationen zu versorgen, hinzu.

„Es tut mir wirklich leid. Ich kann es vielleicht mit Tesafilm versuchen. Es wird nur leider nicht so stabil wie es war." Obwohl mir klar ist, dass eine Klebestreifenreparatur ihn niemals zufriedenstellen wird, möchte ich es anbieten.

Schniefend nickt er.

Tatsächlich scheitern meine anschließenden Reparaturversuche. Immerhin muntere ich damit meinen Sohn auf. Wenn auch Traurigkeitsreste an ihm kleben bleiben.

Ein paar Monate später …

„Wer fährt zum ersten Mal?"

Etliche Hände gehen in die Höhe.

„Wer ist schon mitgefahren?"

Sofort geht meine Hand hoch. Auch mein Sohn meldet sich.

Der Fahrer der Dschungel-Safari sieht mich an.

„Dann wisst ihr, was auf euch zukommt."

„Na ja, bei mir ist es etwas länger her, dass ich mit gefahren bin."

„Ach ja?" Mit nach oben gezogenen Augenbrauen fordert mich der Mann auf, mehr zu erklären.

„Ich habe mich nicht getraut, weil …"

„… die Mama hatte meinen Bruder im Bauch. Der sollte nicht durchgeschüttelt werden. Nicht dass ihm schlecht wird." Inzwischen ist mein ältester Sohn zu einem fünfjährigen stolzen Bruder geworden. „Sieh mal da. Mein Papa schiebt den Kinderwagen."

„Dann bist du ein großer Bruder." Anschließend widmet sich der Dschungel-Fahrer den anderen Passagieren. „Kann mich jeder gut verstehen?"

„Ja! Ich habe auch ein Mikrofon." Mein Fünfjähriger steht auf, macht einen Schritt in Richtung Fahrer und hält ihm eine Headset-Nachbildung hin, die wir kürzlich als

Extra in einer Kinderzeitschrift gefunden haben.

„Super, dann kannst du für mich das Sprechen übernehmen."

Kurz stockt der kleine Kerl, senkt seinen Kopf, setzt sich neben mich und sinkt tief in seinen Sitz ein.

Sabrina Meinen

EIN AUFFAHRUNFALL

Ich bin mir nicht sicher, ob sich diese Geschichte tatsächlich so zugetragen hat. Sie wurde mir mehrmals erzählt. Immer mit leichten Abweichungen, wie es sich für eine Sage oder Legende gehört.

Auf der A7 hatte es einen Auffahrunfall gegeben, ein paar Wagen waren beschädigt, zum Glück gab es keine Verletzten. Die Polizei traf ein, begutachtete die Schäden, ließ sich den Unfallhergang schildern. So weit, so gut.

Ein Auto allerdings war seitlich beschädigt. Es hatte eine Riesenbeule in der Tür, und der Polizist war ein bisschen verwirrt.

„Nee, nee", begann der Fahrer zu erklären. „Das ist nicht vom Unfall. Ich hatte gestern einen Elefanten im Fenster. Als ich die Scheibe hochgekurbelt habe, steckte der Rüssel noch im Wagen, und daraufhin hat mir das Tier gegen die Tür getreten."

„Soso, ein Elefant?", fragte der Polizist und ordnete einen Alkoholtest an. Als der positiv ausfiel, nützte dem Fahrer auch die Erklärung nichts mehr, dass er doch gestern im Serengeti-Park Hodenhagen gewesen sei.

Heinrich Plesse, Hodenhagen

DIE FALSCHE FREUNDIN

Meine Freundin und ich waren erst ein paar Wochen zusammen. Nadine (nennen wir sie so) arbeitete häufig an den Wochenenden und wir sahen uns nicht allzu oft. Sie gefiel mir sehr und ich überlegte mir immer etwas Schönes für unsere Verabredungen. So kam ich auf die Idee mit dem Serengeti-Park. Ich war als Kind gerne mit meinen Großeltern bei euch gewesen, dann viele Jahre gar nicht mehr, weil es sich einfach nicht mehr ergeben hatte. Der Park war aber für mich etwas sehr Besonderes. In meiner Erinnerung haben mir meine Großeltern immer massenhaft Süßigkeiten dort gekauft und hatten eine Engelsgeduld, wenn wir vor einem Fahrgeschäft länger in der Schlange warten mussten.

Ich fuhr also mit Nadine an einem schönen Samstag im Frühsommer von Hannover aus nach Hodenhagen. Schon die Fahrt war anders, als ich mir vorgestellt hatte. Nadine fand die Strecke furchtbar lang, obwohl wir gut über die A7 kamen und ich außerdem Duplos und Kaffee als Reiseproviant dabeihatte. Ich weiß nicht mehr so genau, aber ich glaube, die Duplos waren ihr zu weich, der Kaffee zu bitter, und so ging es weiter. Natürlich gab es einen kleinen Stau vor dem Tickethäuschen, aber nicht allzu schlimm, fand ich. Nadine dauerte das alles viel zu lange. Als wir dann das Auto auf dem Parkplatz hatten, war ihr der Weg zum Affengehege zu weit. Ich war begeistert von den Kapuziner-Äffchen, aber Nadine erzählte, dass selbst Pippi Langstrumpf bzw. die Schauspielerin den Herrn Nielson in Wirklichkeit nicht ausstehen konnte. Zu dem Zeitpunkt glaubte ich noch, dass es ein schöner Tag werden könnte und gab ihr ein Softeis aus. Eins mit Schokoüberzug. Konnte ich ja nicht ahnen, dass ihr das Zeug auf die Bluse tropfen würde. Nadine wollte allen Ernstes am liebsten wieder nach Hause fahren, um sich umzuziehen! Was soll ich sagen, auch die Fahrgeschäfte waren dann nichts für sie. Mal zu schnell, mal zu lahm, zu modern, zu altmodisch. Die Leute in der Schlange nervten sie, die Kinder, die Alten, alle. Ich stellte die Ohren auf Durchzug und versuchte, den Tag zu genießen. Mir gefiel alles noch genauso gut wie früher als Kind. Trotzdem war ich am Ende froh, als ich Nadine in Hannover vor ihrer Haustür absetzen konnte. Und ja, den Tag hatte sie mir schon vermasselt, aber letztendlich war ich froh. Denn der Tag hatte mir gezeigt, dass diese Frau einfach nicht die Richtige für mich war. Ich verabschiedete mich von ihr und sah sie nie wieder. Claudia, die ich danach kennenlernte, liebt den Park. Wir haben 2008 geheiratet und fahren sehr gern zu euch, inzwischen auch mit unseren Kindern.

Mike aus Hannover

EINE RIESENFAMILIE IN DER SERENGETI

Meine Familie besteht aus rund zweihundert Leuten. Irgendwann stand die Idee im Raum, ein Familientreffen zu veranstalten. Bloß wo? Mit so vielen Leuten? Sollten wir einen großen Saal mieten? Eine Scheune? Jemand kam dann auf den Serengeti-Park und alle waren begeistert. Es wurden Busse bestellt und wir fuhren zusammen los, andere stießen im Park dazu.

Meine Uroma hat elf Geschwister, die auch alle Kinder haben. Dazu gehören meine Oma und deren Kinder und Enkel. Unglaublich, aber da ist man schnell bei 200 Personen.

Mit der ganzen Familie ging es durch die Tierabteilungen, durch die Serengeti. Wir hatten eins der Restaurants komplett reservieren lassen, um gemeinsam Mittag zu essen. Mein Papa hatte das für die gesamte Familie Niemann organisiert. Aufgeteilt in mehreren Kleingruppen stromerten wir anschließend den ganzen Tag durch den Park und liefen uns dabei immer wieder über den Weg, machten Fotos und Filme, hatten sehr viel Spaß.

Es stellte sich heraus, dass der Zeitpunkt für das Treffen genau richtig gewesen war, denn kurz danach starben einige der alten Familienmitglieder. Es war der perfekte Tag gewesen, um noch einmal alle zu sehen. Die Alten und auch die Kleinen, denn es waren gerade einige geboren worden.

Wir schauen uns gern die Fotos an. Schon erstaunlich, was für eine Riesenfamilie wir waren und wie schön es gewesen war.

Sabrina

LEON UND DER TIGER

„Da fehlt aber noch ein Ticket!“, sagte der Schaffner und schaute meinen Sohn streng an. Dann lächelte er. „Dein Stofftier ist so groß, das nimmt ja einen ganzen Sitzplatz ein.“

Nun verstanden wir und lachten. Leon nahm den Tiger und schwenkte ihn durch die Luft.

Es war 2015 und wir waren gerade das erste Mal im Serengeti-Park gewesen. Leon ist Autist, und er hatte sich so dermaßen in die weißen Tiger verliebt, dass ich nicht anders konnte, als ihm im Parkshop den größten weißen Stofftiger zu kaufen, den es gab. Als ich den Preis sah, musste ich schlucken. Ich bin alleinerziehend, und ich kann Ihnen sagen, das war eine ganze Menge Geld. Aber wenn er schon keinen echten weißen Tiger mitnehmen könne, dann doch wenigstens einen aus Stoff, argumentierte Leon. Also gut. Immerhin erzählt er noch heute die Geschichte von dem Schaffner. Und auch der Tiger hat noch einen Ehrenplatz in seinem Zimmer.

VATER IN AFRIKA

„Wo ist Papa?“, fragte mich mein dreijähriger Sohn zum gefühlt hundertsten Mal. Ich strich seine Bettdecke glatt und deckte auch sein Kuscheltier zu.

„In Afrika, das weißt du doch.“

„Da, wo die Tiere sind?“, fragte der Kleine. Er schaute zu dem Bild an der Wand mit den Giraffen.

Ich nickte. Natürlich arbeitete sein Vater und machte keine Safari. Schon seit Wochen war er auf Dienstreise, traf sich mit zukünftigen Geschäftspartnern in Nairobi.

„Warum hat Papa uns nicht mitgenommen?“

Ich unterdrückte ein Seufzen. „Das geht leider nicht, mein Schatz.“ Wie sollte ich ihm das erklären?

„Ich möchte auch bei den Giraffen sein“, murmelte mein Sohn. Ich gab ihm seinen Gutenachtkuss und verließ das Zimmer. Er hatte mich da auf eine Idee gebracht.

Im Wohnzimmer setzte ich mich an den Computer. Da gab es doch etwas. Einen Park. Irgendwer hatte mir davon erzählt. Das sei dort wie in Afrika gewesen, hatte man mir vorgeschwärmt. Da hatte ich es. Serengeti-Park Hodenhagen!

Mein Sohn bekam sich vor Staunen gar nicht mehr ein. Es war seine erste Begegnung mit einem Freizeitpark! Die Septembersonne schien und alles wirkte warm und friedlich. Die Giraffen bewegten sich grazil auf der Weide. Mein Kleiner strahlte. „Das ist wie bei Papa“, sagte er.

„Pass auf, wir machen Fotos und schicken sie Papa, und dann denkt er, wir sind bei ihm in der Nähe!“

Es war ein großartiger Tag. Ich konnte meinem Sohn bildhaft vorführen, wo sein Papa gerade war, und er konnte es durch diese wunderschönen Momente besser verstehen und die Abwesenheit akzeptieren. Wir waren von den Karussells bis hin zur Safari-Busfahrt hin- und weggerissen. Wir hatten durchgängig Spaß und gute Laune! Auch die Jumping Show war ein Highlight! Ich kann schwören, dass mein Sohn das erste Mal so lange stillgesessen hat. Nie zuvor konnte er sich auf eine Sache so lange konzentrieren. Die Dinosaurierwelt möchte ich nicht vergessen zu erwähnen, denn dort haben wir uns auch sehr lange aufgehalten. Wir hatten von Parköffnung bis -schließung durchgängig jede Menge Spaß und Wow-Momente! Vielen Dank für so einen schönen und unvergesslichen Aufenthalt!

Familie Kurha

ENERGIE TANKEN IM PARK

Ich bin 26 Jahre alt und hier kommt meine lebensverändernde Geschichte. Seit einigen Jahren leide ich unter posttraumatischer Belastungsstörung und anderen psychischen Erkrankungen. Mein Alltag gestaltet sich schwierig. Vieles ist anders, als wenn ich gesund wäre. Aber in euren Park zu kommen, tut mir gut. Die Tiere in ihren Gehegen zu sehen, dort im Freien, das hilft mir. Sie sind so majestätisch, und zu sehen, wie sich zum Beispiel so eine Giraffe über die Wiese bewegt, stärkt meine Psyche. Ich finde auch, dass ihr sehr kompetente Mitarbeiter im Park habt. Ich fühle mich hier trotz meiner Erkrankung immer sehr respektvoll behandelt, ja, ich fühle mich im Grunde hier so, als sei ich vollkommen normal. Auch die Fahrgeschäfte sind der Wahnsinn. Ich weiß nicht, was ich noch schreiben soll. Die Besuche im Park verändern mein Leben, geben ihm eine positive Richtung, entspannen mich und bringen mir neue Energie für den Alltag.

Johanna Böttcher

DER KOBOLDSTEIN

Ich bin Casper, vier Jahre alt und gehe sehr gerne in den Serengeti-Park. Mein schönstes Erlebnis war neulich bei der Wassershow. Da sollten wir drei blaue, durchsichtige Steine finden. Das waren keine normalen Steine, sondern die waren magisch. Für mich war das gar nicht schwierig. Ich habe einfach im Wasser gesucht und den Koboldstein gefunden. Und das Beste war, ich durfte den Stein sogar mit nach Hause nehmen!

Casper

EIN AUSFLUG MIT DER WOHNGRUPPE

Einmal im Jahr machen wir einen Ausflug mit unserer Wohngruppe. Das ist das absolute Highlight. Ich glaube, unsere Leute freuen sich da mehr drauf als auf Weihnachten. Wir Betreuer sind immer eher skeptisch. Also, nicht, dass wir uns nicht auch freuten, aber man weiß halt nie, was an einem solchen Tag auf einen zukommt …

Dietmar hatte einen Kleinbus organisiert und gleich nach dem Frühstück ging's los nach Hodenhagen. Ich persönlich liebe Tiere und kenne eine Menge Tierparks, aber im Serengeti-Park war ich bis dahin noch nie gewesen. Unsere Leute auch nicht. Im Bus hatten wir schon super Stimmung. Wie das so ist: Wir waren noch nicht auf der Autobahn, da war der Fahrtproviant schon aufgefuttert. Dietmar musste das Radio lauter stellen, und ausgerechnet spielten sie „Highway to Hell" auf NDR. Alle grölten mit und schwenkten die Arme. Hoffentlich geht das gut. Nicht, dass die sich alle schon auf der Fahrt verausgaben, dachte ich. Dietmar wippte mit dem Kopf wie Rowlf aus der Muppet Show, nur dass Dietmar halt keine Schlappohren, sondern blond-graue Strähnen hat (entschuldige Dietmar, wenn du das liest!). Die wippten im Takt mit. Ich kontrollierte, ob wir genug Brechtüten dabeihatten.

Zum Glück waren wir zeitig weggekommen. Ich hatte gehört, dass der Park echt riesig sei, dass allein die Fahrt entlang der Tiere schon lange dauerte. Und dann wollten alle auch Achterbahn und Karussell fahren und so weiter. Wir hatten übrigens einen schönen Tag ausgewählt. Gleich am Anfang der Woche, damit es nicht zu voll wäre – und wir womöglich noch Leute im Gedränge verloren, und außerdem war bestes Wetter. Sonnig, aber nicht zu warm. Die Fahrt zog sich ein bisschen. Annalena und Mike (Namen sind geändert) hatten mal wieder Streit, Brandon meinte, er müsse sich gleich übergeben (ich reichte ihm schon mal eine von den Tüten), Fatime jammerte, es sei stickig im Bus, Sabrina schlug mit dem Kopf gegen die Scheibe und Tina kreischte alle paar Minuten, sie sähe schon die Giraffen. An sich hatte ich geplant, gleich zu Beginn die Safari-Tour zu machen, aber alle wollten so schnell wie möglich aus dem Bus raus. Dietmar zuckte mit den Schultern. Na gut. Also gingen wir als Erstes zu den Affen.

Bei den Kattas hauten sich alle auf die Bänke. Da ist so ein Schild. Man soll die Kattas nicht anfassen oder so, steht da. Das wissen diese Affen nur nicht. Sie kletterten auf uns herum, sprangen von einem zum anderen, untersuchten unsere Rucksäcke. Annalena fing an, ihre Tasche auszupacken. Ihre Trinkflasche war ausgelaufen und ihr Pullover und alles, was sie dabeihatte, war nass. Also fing sie an, alles auf dem Boden auszubreiten. Zum Trocknen.

Natürlich kamen gleich die Kattas und begutachteten die Sachen. „Pack mal lieber alles wieder ein“, sagte ich, „und überhaupt, wollen wir nicht mal langsam weiter?“ Nö. Niemand wollte weiter. Alle waren hingerissen von den Affen, so süß, und es sei hier so schön. Dietmar zündete sich eine Zigarette an. „Ist wirklich schön hier“, sagte er. „Na ja, aber wir haben noch gar nichts gesehen“, meinte ich. „Ach, lass man“, Dietmar lehnte sich zurück und inhalierte das Nikotin. An sich finde ich das ja gut, dass mein Kollege immer die Ruhe weghat. Aber ich hatte noch so viel vor und die Zeit lief uns davon …

Unsere Leute machten Selfies mit den Kattas und dann saßen sie in der Sonne, quatschten und lachten und sahen so vergnügt aus, dass ich nicht die Spielverderberin sein wollte. Und klar, irgendwann musste mal jemand zur Toilette. Das war die Gelegenheit zum Aufbruch, aber nee, die anderen wollten noch nicht, und Tina würde sich beeilen und schnell wiederkommen. War auch so, nur in der Eile hatte sie dann ihren Rucksack auf der Toilette vergessen. „Gut, gehen wir jetzt alle los und suchen“, drängte ich die Gruppe zum Aufbruch. Dietmar schälte sich von der Bank.

Bei den Toiletten angekommen, konnte sich Tina nicht mehr erinnern, in welcher Kabine sie gewesen war, also warteten wir, bis jede einzelne frei war und schauten hinein und hurra, wir hatten den Rucksack gefunden. Wir näherten uns den Fahrgeschäften und das war eigentlich nicht das, was ich wollte. Ich wollte die Löwen sehen, und die Elefanten und so weiter. Wenn wir erst mal mit der Achterbahn anfangen, wird das nichts mehr, dachte ich. Aber irgendwie hatte plötzlich jemand was von Pommes gesagt. Pommes! Mit Ketchup und Mayo. Als wenn wir das nicht auch in der Wohngruppe hätten … Dietmar hatte sich schon wieder auf die nächste Bank gepflanzt. Ich wusste genau, was er dachte. Mach mal nicht so ’nen Stress, Kerstin. Also gab es Pommes für alle. Es war inzwischen spät geworden. Ich mache es kurz: Die Raubkatzen habe ich an dem Tag nicht mehr zu Gesicht bekommen. Auch keine von den Giraffen. Nein, nicht mal ein Kamel. Am Ende saßen alle wieder glücklich im Bus. Ich muss noch mal ohne die Bande in den Serengeti-Park!

Kerstin, Hannover

HALLOWEEN

Wenn ihr so richtig was erleben wollt, kommt zu Halloween! Das sag ich den Gästen, wenn sie mich nach der besten Zeit im Park fragen. Alles ist geschmückt und auf gruselig gemacht, künstlicher Nebel wabert durch den Park und überall hört man schaurige Musik. Das ist klasse gemacht. Zu den Halloweenwochenenden verkleiden sich die Kinder und bekommen freien Eintritt, und an den letzten beiden Oktoberwochenenden legt der Spuk noch einen Zahn zu und der Park öffnet bis spätabends, bevor es in die Winterpause geht.

Ich habe mir vorgenommen, mich dieses Jahr auch zu verkleiden. Ich habe mir schon alles rausgesucht, muss es nur noch bestellen. Meine Frau weiß davon noch nichts. Vom Gesicht her bin ich mir noch nicht sicher. Gerade habe ich von diesen LED-Masken erfahren. Die setzt man sich vors Gesicht, schließt die Kapuze und hat ein elektronisches Gesicht. Ich hatte auch ans Schminken gedacht, aber es ist immer so ein Haufen Arbeit, alles wieder abzukriegen. Und ich habe ja nebenbei auch noch einen Job hier im Restaurant.

Seit etwa drei Jahren bin ich Abteilungsleiter der Park-Restaurants, aber im Grunde begleitet mich der Park bereits von klein auf.

Angefangen hat es so Ende der siebziger Jahre. Über eine Zeitungsanzeige wurde Personal gesucht, das in Heimarbeit für den Park Kartons faltet. Meine Eltern, meine Brüder und ich mochten das, wir falteten diese Kartons an den Wochenenden vor dem Fernseher, bei der „ZDF-Hitparade", „Wetten, dass", „Dalli Dalli" und so weiter. Mit der Zeit wurden wir immer schneller und ich weiß noch, an einem Abend hatten wir so unheimlich viele Kartons gefaltet, dass die ganze Wohnzimmerwand voll war und wir in mehreren Reihen bis zur Zimmerdecke hochstapelten. Das waren unglaubliche Türme. Bis alles einstürzte. So fing es an, mit mir und dem Park. Die Kartons wurden zur Molkerei nach Rethem gebracht, die damals der Familie Sepe gehörte, dort mit Futterpellets befüllt und in den Park zu den Schafen und Ziegen gebracht. Und jede einzelne Schachtel war zuvor durch unsere Hände gegangen.

Ich habe nach der Schule eine Ausbildung zum Einzelhandelskaufmann gemacht, später eine Ausbildung zum Koch und 2017 fing ich an, im Park im Restaurant Zanzibar zu arbeiten. Anschließend verschlug es mich beruflich nach Wangeooge, bis ich vor drei Jahren zurückkam. Meine Frau arbeitet auch hier, wir teilen uns das Büro. Unser kleiner Sohn platzt fast vor Stolz und Begeisterung, wenn er uns bei der Arbeit besucht. Er wäre am liebsten jeden Tag hier, er liebt die Dschungel-Safari und ist ganz verrückt nach der kleinen roten Panda-Dame Khusi.

Ich erinnere mich natürlich, wie besonders ich das alles hier als Kind fand. Mit meinen Eltern fuhr ich am liebsten mit dem Auto durch die Tierwelt. Früher liefen noch die Affen frei herum. Die hatten schnell herausgefunden, wie sie die Dichtungen aus den Fenstern und Türen herausziehen konnten. Manche Fahrer versuchten, die Affen mit dem Wasser aus der Scheibenwaschanlage zu vertreiben, aber das Waschwasser war früher mit Alkohol angereichert, und danach waren die Affen ziemlich verrückt. Das sind so Sachen, die man nicht vergisst.

Zum Parkausflug gehörten damals auch unbedingt die Bratwürstchen. Es gab einen richtigen Holzkohlegrill mit Feuer, hinten Richtung Karussell in der Ecke. Ein großer Stand. Aus heutiger Sicht nicht gerade professionell, aber ich habe diese Bratwürstchen geliebt.

Bei meiner Frau ist es zum Ritual geworden, einmal im Jahr mit ihrem Bruder und seinen Kindern einen Familienausflug zum Park zu machen. Sie treffen sich morgens, wenn das Tor noch geschlossen ist, und warten auf die allererste Bustour. Wenn sie früh sind, sehen sie noch die Löwenfütterung. Das ist ein Highlight. Fast so gut wie die Tatsache, dass sich meine Frau mit mir das Büro teilt. Und wenn das große Parkjubiläum ist, werde ich auch 50. Nein, nicht im April, erst im August, aber ich mag die Vorstellung, mit dem Park zusammen zu feiern.

Sascha Spyrou,
Abteilungsleiter Restaurants

DAS CHAOS-PENDEL

Meine beste Freundin Emily und ich möchten euch von unserem schönsten Moment bei euch erzählen, und zwar war das am 31. Oktober 2021. Richtig, an Halloween! Wir schlenderten durch den Park und entdeckten das Chaos-Pendel. Der ganze Tag war schon super gewesen, aber als wir mit dem Chaos-Pendel fuhren, toppte das nochmal alles. Wir haben uns sofort in dieses Fahrgeschäft verliebt und wollten gar nicht mehr aussteigen. Am liebsten nie mehr! Wir hätten Tag und Nacht fahren können.

Und weil wir danach so sehr von dem Pendel und überhaupt von dem Tag im Park geschwärmt haben, schenkten uns unsere Eltern im Jahr darauf Freikarten zum Geburtstag und wir sind von da an immer wieder hergekommen und mit dem Chaos-Pendel gefahren. Wir finden, das Chaos-Pendel sollte wieder in den Park zurückkommen. Wir lieben es so sehr!

Emma und Emily

DAS ACHTERBAHNRAD

Ja, ihr habt mein Leben verändert, indem ich damals von euch ein Rad eurer damals abgebauten Achterbahn zugeschickt bekommen habe und es jetzt in meiner Sammlung zu Hause im Wohnzimmer steht und ich sehr stolz darauf bin.

Frederik Schäfers

DIE PERÜCKE

Bei jedem Besuch im Serengeti-Park erleben wir etwas Tolles, sodass wir immer wieder herkommen müssen. Das erste Mal war ich bei euch, als meine Kinder noch klein waren. Heute sind sie 40 und 46 Jahre alt. Und vor zwei Wochen war ich zum ersten Mal mit meinem Enkelkind im Park.

Aber erzählen möchte ich von einem ganz speziellen Erlebnis. Als wir 2020 die Tour mit dem Jeep machten, hatte ich Angst um meine Perücke. Sicherheitshalber nahm ich sie vom Kopf und klemmte sie mir unter dem Arm fest. Der Fahrer und die anderen Leute im Jeep bekamen sich vor Lachen nicht mehr ein. Und bei Fahrtende war die Perücke genauso schnell, wie ich sie abgenommen hatte, auch wieder auf meinem Kopf.

Hildegard Lewerenz aus Hanau

EIN GELUNGENES GESAMTPAKET

Den Serengeti-Park kenne ich vor allem dienstlich. Seit 2010 verfolge ich die Entwicklung des Parks und bin sehr beeindruckt, wie es Inhaber Fabrizio Sepe schafft, seinen Park professionell und kundennah durchgehend auf dem allerhöchsten Level zu halten. Immer wieder hat er neue Ideen, kommen neue Attraktionen dazu. Man merkt, er ist mit Herzblut dabei.

So überzeugt der Park einfach als Gesamtpaket in seiner Kombination aus tollem Freizeitpark und sensationeller Tierwelt, mit erstklassigen Events, guter Gastronomie und vielseitigen Übernachtungsmöglichkeiten. Perfekt, um ein paar besondere Tage zu erleben.

Gerhard Oppermann

Vorstandsmitglied der Hannoverschen Volksbank eG
und Präsident der IHK Hannover

DIE
ANFÄNGE
DES
PARKS /
ERINNERUNGEN

DIE ERÖFFNUNG 1974

Weißt du noch? Ich meine, die Parkeröffnung war zu Pfingsten. Wir hatten unser Sportfest in Hodenhagen, an jenem Wochenende, und dann war auf einmal der ganze Ort dicht, und zwar von allen Seiten. Es gab kein Durchkommen mehr. Alle Zufahrtsstraßen waren zu. Auf der Autobahn standen die Wagen kilometerweit, weil alle beim Eröffnungstag dabei sein wollten. Die Bremer Autobahn, die Hamburger, die aus Hannover. Alle waren dicht. Und die Landstraßen waren natürlich auch ruckzuck voll. Dieser Sonntag, der war der Wahnsinn. Es soll Leute gegeben haben, die haben den wartenden Autofahrern Kaffee eingeschenkt und Kuchen gebracht.

Von meiner Schwester habe ich gehört, dass sie einen Polizisten abkommandiert hatten, um das Chaos auf der Straße zu entflechten. Das ist ihm aber nicht gelungen, weil er überhaupt keine Chance hatte. Und dann haben die Leute aus dem Dorf diesem Polizisten etwas zu trinken und zu essen gegeben, damit der arme Kerl nicht zusammenklappte. Nachdem seine Schicht zu Ende war, sollte er eigentlich abgelöst werden, aber es kam kein anderer, und so musste er eine zweite Schicht dranhängen, bis spät in den Abend hinein. Er hat dann zu Hause angerufen, dass er heute wohl nicht mehr zurückkäme, er müsste noch ein paar Stunden auf der Kreuzung stehen. Wahnsinn!

Gerhard Tamke

früherer Bürgermeister Hodenhagen, im Gespräch mit Heinz Plesse

DIE TIERE LIEFEN EINFACH SO HERUM

Ich erinnere mich noch daran, als der Park eröffnet wurde. Heute bin ich 57 Jahre alt, damals muss ich also ungefähr sieben gewesen sein. Meine Eltern hatten nicht viel Geld und wir sind selten irgendwohin gefahren. Verreisen war schon gar nicht drin, und Ausflüge am Wochenende waren auch sehr selten. Aber als der Park aufmachte, sagte mein Vater, okay, da werden wir jetzt mal hinfahren. Zu der Zeit war alles noch sehr offen und locker. Also, viele der Tiere liefen einfach so herum. Vor allem die Affen. Wir waren mit unserem Auto aus Walsrode gekommen und stiegen im Park in einen Bus um, mit dem wir durch den Park geleitet wurden. Bevor wir in das Affengehege kamen, gab es noch eine Pause, weiß ich. Man hatte die Möglichkeit, kleine Tiere im Streichelzoo anzufassen und konnte sich Eis kaufen. Und da das ja der Tag für uns Kinder sein sollte, spendierte unser Vater mir und meinen Geschwistern ein Eis. Das war etwas sehr Besonderes.

Kaum hatte ich das Eis in der Hand, rief der Busfahrer auch schon: „So, einsteigen, es geht weiter!“ Ich schaute etwas ängstlich auf mein Eis, aber der Busfahrer sagte: „Kein Problem, kannst du mit reinnehmen!“

Gut, ich saß also nichtsahnend auf meinem Platz,

schleckte Eis, und wir fuhren ins Affengehege. Wir hatten keine Ahnung, was auf uns zukam. Die Türen öffneten sich, die Affen spazierten zu uns herein. Gleich der erste bleibt vor mir stehen, schaut mich an, nimmt mir das Eis aus der Hand und futtert es vor meiner Nase auf. Und jetzt kommt der Burner! Er gibt mir den abgelutschten Stiel zurück.

Das war die erste Geschichte, die ich mit dem Safari-Park erlebt habe. Ich wusste nur eins: Da will ich nie wieder hin! Da, wo die Affen so unglaublich dreist waren!

Meine Meinung hat sich dann allerdings doch schnell geändert und schlug um in die totale Begeisterung für den Park. Aber das erzähle ich nach und nach …

Ines Dalibor, Walsrode

DER EHERING

Meine Eltern haben damals den Park mitgestaltet und bepflanzt. Irgendwo, in den Untiefen der Hodenhagener Erde, liegt seitdem der Ehering meiner Mutter.

Ulrike von Westernhagen, Walsrode

NASHÖRNER ZU HAUSE

Mindestens zwei Jahre bevor der Park eröffnet wurde, begannen sie schon damit, die Tiere nach Hodenhagen zu bringen. Ich meine, es wäre so 1971, 72 gewesen. Da kamen zum Beispiel schon die Nashörner aus Afrika. Sie durften noch nicht in die Stallungen des Safari-Parks, weil man wegen Seuchen und anderer Krankheiten vorsichtig sein musste. Es gab Auflagen vom Veterinäramt oder auch vom Landkreis. Wir wohnten damals sehr weit abseits in Hodenhagen. Meine Eltern hatten immer Landwirtschaft betrieben, aber Anfang der 70er war hauptsächlich nur noch Ackerwirtschaft. Unsere Stallungen standen leer und waren groß genug, dass sie sich für die Quarantäne der Nashörner eigneten. So kam es, dass wir zwanzig Nashörner aufnahmen, die frisch aus Afrika gekommen waren. Natürlich mussten die Ställe umgebaut und vor allem verstärkt werden.

Ich war damals ungefähr 15 Jahre alt.

„Du kannst doch hier helfen!“, hieß es gleich. Ich hatte bis dahin keinerlei Einnahmen, Taschengeld gab es damals für mich nicht, und so half ich gerne für ein paar Mark pro Stunde mit.

Diese zwanzig Nashörner hielten sich tagsüber im Außengehege auf. Abends wurden sie wieder in die Ställe getrieben. Nach einer Weile kehrten sie auch von selbst dahin zurück. Wie lange die Tiere genau bei uns waren, weiß ich nicht. Ich erinnere mich nur noch, dass sich mein damaliger Berufsschullehrer immer über mich lustig machte.

„Ah, da kommt der Junge mit den Nashörnern", so oder so ähnlich wurde ich zur Stunde begrüßt. Das musste ich über mich ergehen lassen, das gehörte zum Schultag dazu.

Im November 1972 hatten wir diesen schlimmen Sturm. Danach war halb Niedersachsen kahl. Viele große Bäume waren umgestürzt und lagen tage- oder sogar wochenlang quer über den Wegen und Straßen.

Für die Geschichte, die ich jetzt erzähle, war das ein Glück, sonst wären die Nashörner direkt in den Ort oder wo auch immer hin spaziert. Das hätte was geben können! Das wurde ja gar nicht groß nach außen getragen, kaum jemand wusste davon.

Meine Oma war damals so um die achtzig. Sie war gerade im Garten, machte da etwas, und hinter dem Zaun liefen auf einmal diese Nashörner an ihr vorbei. Sie so: „Oh Gottohgottohgott!", Sie sprach nur Plattdeutsch, und dann ist sie, ohne groß nachzudenken, aus dem Garten herausgeschossen und hat sich vor die Nashörner gestellt. Sie hat mit ihrer Schürze gewunken und versucht, die Tiere zum Stall zurückzutreiben.

„Zurück, zurück!", was weiß ich. Das kann man sich

kaum vorstellen, aber genauso ist es gewesen. Meine Oma hat ihnen wie ein Torero mit der Schürze den Weg versperrt und die Nashörner haben sich tatsächlich umgedreht und sind wieder in das Gehege zurückgetrottet.

Danach wurde wild herumtelefoniert, die Leute vom Park kamen und man hat nach Antworten gesucht. Das war erst schwierig, keiner wollte zugeben, einen Fehler gemacht zu haben. Aber es war Folgendes passiert: Die Nashörner waren morgens rausgelassen worden. Abends wurde vorher immer das Gatter sauber gemacht. Und der, der das Gatter sauber gemacht hatte, war nach Hause gefahren, ohne das Gatter richtig zu schließen, wahrscheinlich wegen dieses furchtbaren Sturms, der aufzog. Und als er morgens gekommen war, hat er nicht nachgesehen, ob es richtig zu war, hat die Tür und die Balken aufgemacht, die Nashörner aus dem Stall geworfen. Und so war das dann passiert. Er hatte sich nicht vergewissert, dass sie aus dem Außengehege nicht herauskonnten. Und so kam es also zu dieser Geschichte. Oma mit ihrer Kittelschürze vor den Nashörnern, die so groß waren, dass Oma nicht drüber weggucken konnte.

Später haben alle mit ihr geschimpft. Obwohl das sehr mutig von ihr gewesen war.

Wenn die Bäume nicht auf den Wegen gelegen hätten, wären sie direkt hintenrum auf die Straße gelaufen, aber so mussten sie am Garten vorbei.

Heinz Plesse

OMA STEIGT AUS

Von meiner Oma gibt es noch eine zweite Geschichte im Zusammenhang mit dem Park. Nachdem der Park eröffnet worden war, wollte Oma auch einmal dorthin. Sie musste doch sehen, wo ihre Nashörner jetzt lebten, und sie hat uns alle gefragt, ob wir sie mal durch den Park fahren. Meine Schwester übernahm das dann zusammen mit meinem Bruder. Nur war an jenem Tag auch wieder sehr viel los, es war Stau auf der Straße durch die Tierwelt und mein Bruder hatte einen alten Renault, der von all dem Stop-and-go schnell anfing zu kochen. Es qualmte aus der Motorhaube, und sie mussten den Wagen ausmachen.

Soweit ich weiß, waren sie da gerade bei den Giraffen, den Büffeln und Zebras. Das war nicht so ein großes Gehege. Oma war es dann im Auto zu warm geworden. Und was macht sie? Steigt aus. Das hat meine Schwester mir erzählt. Ich hatte das gar nicht mehr so auf dem Schirm. Oma ist jedenfalls tatsächlich ausgestiegen, ist herumgelaufen, und mein Bruder konnte sie gar nicht wieder ins Auto zurückbekommen. Oma lief da also quasi zwischen den Tieren herum, die hatte ja keine Angst.

Irgendwann war die Kiste dann abgekühlt, Oma stieg wieder ein und es ging weiter.

Ja, diese Oma war ein Unikum. Aber ich habe immer gedacht, ihr passiert nichts. Sie hatte so einen Schutzschild gehabt. Aber sie ist auch jeden Sonntag in die Kirche gegangen. Vielleicht lag es daran.

Heinz Plesse

DER AUSGEBROCHENE TIGER

Nicht nur Nashörner, sondern auch andere Tiere wurden vor Parköffnung auf Bauernhöfen rund um Hodenhagen untergebracht. Überall im Umkreis hatte man Stallungen, Hallen und Scheunen angemietet und Tiere verteilt. Für die Bauern war das praktisch. Mit den Tieren selbst hatten sie nicht viel zu tun, da Leute vom Park morgens und abends herkamen und die Versorgung übernahmen.

Jedenfalls fährt einer morgens zum Tiger, macht die Scheune auf und keine Ahnung, wie das passiert war, aber der Tiger hat über Nacht wohl seinen Käfig aufgemacht. Wie auch immer. Der Mann macht also die Scheune auf und der Tiger spaziert heraus. Holla, da war aber Krawall.

Ich glaube, das ist nie ans Tageslicht gekommen. Und dieser Tiger ist bei uns um die Ecke herumgelaufen. Sie haben ihn später mit einem Betäubungsgewehr erwischt und es ist nie an die große Glocke gehängt worden. Vielleicht ganz gut so. Wenn man sich das ausmalt. Was hätte alles passieren können! Aber es ging noch mal gut.

Heinz Plesse

PRACHTVOLLE FISCHE FÜR EIN KLEINES VERMÖGEN

Im Park gab es immer viel Wasser, kleine Seen und Teiche. Irgendwann hatte Paolo Sepe die Idee, einen der Teiche in einen Zierfischteich umzuwandeln. Er ließ sich beraten und kaufte für ein kleines Vermögen prachtvolle Fische, und der Teich wurde zu einem sehr schönen, friedlichen Ort. Man konnte am Ufer sitzen und sah die Fische vorbeigleiten. Fabrizio war damals so acht oder neun Jahre alt. Wenn er nachmittags aus der Schule kam, beschäftigte er sich oft allein im Park. So kam es, dass es erst niemand mitbekam, dass es immer weniger Fische waren. Fabrizio hatte sie nach und nach alle herausgefangen.

Regina Hamza, Hodenhagen

DAS DEFEKTE KARUSSELL

Ich bin mit meiner Freundin oft mit dem Fahrrad zum Serengeti-Park gekommen. Wir haben die Räder draußen abgestellt. Der Eintritt war nicht so teuer, wenn man ohne Auto kam, und man konnte auch nur für den Freizeitpark oder nur für die Tierwelt bezahlen. Für uns war das super, weil wir Mädchen vor allem in den Freizeitpark wollten. Irgendwann hatten sie dort ein Karussell angeschafft mit kleinen Raketen. Wenn man drinsaß, konnte man diese Rakete aus eigener Kraft herumdrehen, nur durch Körperkraft. Das Karussell hatten sie neu angeschafft, aber es war schon älter. Das sah man, aber es störte uns nicht.

Wir stiegen ein und fingen an, uns zu drehen, aber dann stockte etwas. Irgendetwas war mit dem Karussell nicht in Ordnung. Wir standen auf dem Kopf und das Ding drehte und drehte sich und wir kamen nicht mehr zurück in die Ausgangslage. Wir schafften das nicht mehr aus eigener Kraft, irgendwas war kaputt. Der Mann, der das Karussell bediente, merkte nichts. Der dachte wohl, wir wollen die ganze Zeit auf dem Kopf fahren. Das Ding drehte und drehte sich. Es hörte gar nicht mehr auf. Und erst waren wir schon ziemlich panisch, aber dann guckten wir uns an und sahen, wie rot wir waren. Das ganze Blut war schon in den Kopf gelaufen. Wir sahen echt komisch aus und darüber mussten wir unglaublich lachen. Ich glaube, ich habe in meinem ganzen Leben noch nie so doll gelacht wie an diesem Tag. Vor lauter Lachen habe ich mir sogar in die Hose gepinkelt. Leider. Und weil ich auf dem Kopf stand, lief es ja auch in eine andere Richtung. Meine Freundin kriegte das alles mit und wir beide konnten nicht mehr aufhören zu lachen.

Als das Karussell dann irgendwann stoppte, konnten wir nicht mal mehr aussteigen, weil wir noch mitten im Lachflash waren.

Ines Dalibor, Walsrode

DIE ZIRKUSFAMILIE

Ich habe viel Zeit mit meinen Freundinnen im Park verbracht. Es gastierte ein Zirkus dort, und mit der Familie haben wir uns angefreundet. Wir haben zum Beispiel geholfen, die Pferde fertig zu machen. Wir waren so fasziniert von diesem Zirkus. Zirkus Belly, und Virginia, eine der Töchter, wurde meine Freundin. Aber sie hatten auch Söhne. Wunderschöne Söhne. Mit schwarzen Haaren und blauen Augen. Doch, das hat uns auch angezogen. Die ganze Familie war toll. Sie haben uns sehr viel Freiheit gegeben. So durften wir abends, wenn der Park schon geschlossen war, mit den Pferden reiten. Wir durften sogar in den Wagen übernachten, weil wir geholfen hatten. Wir haben uns großartig gefühlt. Man hat gedacht, ich bin jetzt hier die Heldin, ich darf mit dem Zirkuspferd durch den Park reiten. Das war alles so locker. Es hat uns nie jemand gefragt: „Was macht ihr hier, was reitet ihr durch die Gegend?“ Das war vollkommen in Ordnung. Sie behandelten uns, als würden wir zur Familie gehören. Es gab Seen im Park und einen richtigen Strand. Dort haben wir gebadet oder wir sind mit den Pferden ins Wasser geritten. Diese Kombination von Park und Zirkus passte einfach gut.

Ines Dalibor, Walsrode

EINE ZIEGE IM VW-BUS

Als Hodenhagenerin hat man selbstverständlich eine Verbindung zum Serengeti-Park. Ich meine, wo gibt es das schon, dass man vom Trompeten der Elefanten und dem Brüllen der Löwen jeden Morgen zur Schule begleitet wird. Das war der allmorgendliche Sound für uns. Als Teenie hat man versucht, sich durch ein Loch im Zaun in den Park zu schleichen (keine Sorge, das Loch gibt es nicht mehr) und bei einem Schulfreund wurden die Tigerbabys im Garten aufgezogen.

Aber meine schönste Erinnerung war Folgende: Mein Onkel hat dem Serengeti-Park mit seinem Unimog hin und wieder ausgeholfen. Er durfte sich dann die eine oder andere Ziege holen. Ich weiß noch, ich war damals sieben Jahre alt, und wir sind an einem schönen Sommerabend, kurz vor Schließung des Parks, in einem uralten VW-Bus ohne Rücksitzbänke in den Park gefahren. Das Sonnenlicht war bereits so schön orangegelb. So wie man das von einem heißen Sommertag kennt. Mein Onkel fuhr, meine Cousinen und ich saßen im Bus. Wir waren die letzten Besucher im Park. Mein Onkel hatte eine Ziege ausgesucht, die dann in diesen alten VW-Bus gesteckt wurde. Meine Tante saß mit der Ziege hinten, versuchte sie zu beruhigen, um auch bloß nicht von den Hörnern gestoßen zu werden, und wir fuhren alle wieder zurück. Für mich als Kind war das sehr aufregend.

Svenja, Hodenhagen

EINE ZEITREISE MIT KAMELEN

Meine Erinnerungen an den Park reichen noch weit vor die Zeit der Eröffnung zurück. So erinnere ich mich noch an die Bauzeit. Mein Opa arbeitete bei euch und nahm mich mit. Er sagte, da sei ein kleiner Junge – „Der ist so alt wie du, mit dem kannst du ja solange spielen." Das ist Fabrizio gewesen.

Außerdem hatten wir über den Winter mal ein paar Kamele vom Serengeti-Park bei uns zu Hause auf dem Hof untergestellt, Rotwild und auch Waipitihirsche. Was für eine tolle Zeit und welch eine Zeitreise!

Bettina Blank, Kirchlinteln

DER SCHUH FÜR DEN ELEFANTEN

Ich erinnere mich an diesen Elefanten. Er war aus dem Zirkus zu uns in den Park gekommen und hatte Probleme mit dem Fuß, konnte hinten schlecht auftreten. Man wusste nicht genau, was man tun konnte. Die Tierärzte waren ratlos, wie man ihm Linderung verschaffen konnte. Man bräuchte eine stabile Bandage, aber das übliche Material reichte nicht aus. Er knickte immer wieder mit dem Fuß unten weg. Er tat mir leid und ich überlegte, ob ich ihm vielleicht helfen könnte. An sich habe ich hier mit Tieren gar nichts zu tun, ich bin Schmied in Hodenhagen, aber seit Bestehen des Parks bin ich immer dort tätig gewesen, habe oft auch kreative Lösungen gefunden. So auch in diesem Fall. Ich habe ein Gestell entworfen und gebaut, eine Art großen Schuh, den man mit Bändern um das Bein des Elefanten befestigen konnte. Das hat dem Tier tatsächlich Linderung verschafft, der Fuß konnte heilen. Ich weiß noch, dass der Elefant später in einen Zoo nach Frankreich gekommen ist.

Auch bei den Fahrgeschäften konnte ich oft meine Ideen einbringen. Man muss sich das so vorstellen, dass diese Fahrgeschäfte ja üblicherweise irgendwo auf einer Kirmes stehen und alle paar Tage abgebaut werden, um woanders wieder aufgebaut zu werden. Es sind

Wandergeschäfte, für Mobilität gemacht, fürs Reisen. Hier ist das aber anders. Sie stehen monatelang, jahrelang stationär, und da muss man manchmal etwas ändern, damit die Stabilität über längere Zeit erhalten bleibt. Ich weiß noch, einmal beim Breakdance war es etwas schwierig. Die Bolzen mussten stabilisiert werden, und es gab keine fertigen Teile, die man dafür nehmen konnte. Ich habe mir das genau angesehen und etwas erfunden, was man einbauen konnte. Erst erfunden und dann in der Werkstatt gebaut.

Siegfried Körber, Hodenhagen

DAS VERKAUFTE PONY

Es ist ja total spannend, was im Leben so alles passiert.

Im Park gab es früher eine richtige Ponybahn. Es war ein Gehege und jemand aus Hodenhagen stand da Tag für Tag mit seinen fünf Ponys. Heute ist das ja ein bisschen in Verruf geraten, diese Jahrmarktponys und so, aber 1980 dachte sich niemand etwas dabei. Außerdem liefen die Ponys nicht so langweilig im Kreis, sondern es gab ein großes Gelände, auf dem man reiten konnte. Aber es gab ja auch viele Menschen, die gar nicht reiten konnten. Der Mann, dem die Ponys gehörten, war schon ziemlich alt und ich war 14 und habe gefragt, ob ich mitführen dürfte. Pferde führen, das hatte ich immer schon auf dem Jahrmarkt gemacht. Ich habe das immer geliebt mit Kindern.

Der Ponybesitzer fand, das sei eine gute Idee. „Kannst du jeden Nachmittag kommen?“ Na klar! Ich hatte schnell ein Lieblingspony, den Bimbo. Bimbo war nicht besonders groß und dann bekam ich einmal mit, dass der Mann einen riesengroßen Kerl auf Bimbo setzte. Das sah man doch, dass das nicht passte! Ich habe mich jedenfalls furchtbar aufgeregt. Der arme Bimbo! Der bricht doch gleich zusammen, das geht gar nicht. Ich meldete mich vorsichtig bei dem Ponybesitzer, aber der haute mir gleich um die Ohren, dass er ja schließlich Geld verdienen müsse und es wäre eben gerade kein anderes Pony frei.

Ich war schon als Kind sehr forsch und sagte spontan: „So, ich kaufe den Bimbo! Ich kaufe dir den ab, dann braucht er nie wieder einen so schweren Menschen zu tragen.“ Bimbo war nämlich nicht nur klein, sondern auch schon ziemlich alt.

Der Ponybesitzer machte sich erst einmal über mich lustig: „Du bist 14, wo willst du das Geld herkriegen?“

„Ist mir egal. Ich kaufe den Bimbo. Mach mir ein Angebot!“

„Gut, für fünfhundert Mark kannst du ihn haben!“

Er wusste ja, das Mädchen ist 14 und hat kein Geld. Da hatte er sich aber geschnitten! Ich dachte, das Geld kriege ich schon irgendwie zusammen. Wie, kann ich leider hier nicht erzählen. Sagen wir mal, ich hatte sehr viel Glück. Das Universum wollte, dass ich dieses Pony bekam. Wie das Geld zu mir kam, darüber werde ich ein eigenes Buch schreiben. Es ist schon verrückt, wie einem das Schicksal manchmal beisteht, und solche Dinge, ja fast schon Wunder, sind mir mehrmals im Leben passiert.

Kurz gesagt, ich hatte das Geld. An diesem Tag bin ich zum Park getrampt, weil ich ja das Fahrrad nicht nehmen konnte. Ich war schon vorher manchmal dorthin getrampt, aber meistens kam man auf die Art nur bis Hodenhagen und musste den Rest laufen. Das war noch eine ziemliche Strecke, aber meinen Freundinnen und mir hat das nichts ausgemacht. Ich stand also mit den fünfhundert Mark vor dem Ponybesitzer und der fiel aus allen Wolken. „Du bist ja noch gar nicht geschäftsfähig, du bist viel zu jung. Und woher hast du das Geld überhaupt?"

Ich habe gesagt, abgemacht ist abgemacht, hier ist das Geld und ich bekomme jetzt den Bimbo. Was sollte der Mann machen? Ich weiß seinen Namen nicht mehr, er lebt auch schon lange nicht mehr. Ich denke mal, danach war er etwas vorsichtiger mit seinen Angeboten.

Er hat mir also tatsächlich das Pony gegeben und das werde ich nie vergessen, ich bin ohne Sattel, nur mit irgendeinem Strick und einem Halfter, mit diesem Pony vom Park bis nach Hause nach Walsrode geritten. An der Hauptstraße entlang. Das war ein ewig weiter Weg und während ich da so entlangzuckle, fällt mir plötzlich ein, dass ich ja gar keinen Stall habe. Ich habe noch mit meinen Eltern in einem Reihenhaus in der Stadt gelebt. Ich hatte mir da vorher keine Gedanken gemacht. Ich lebte nur im Jetzt. Aber ehrlich gesagt hatte ich auch gar nicht damit gerechnet, dass ich das Pony wirklich mitnehmen darf. Er war auch ein bisschen geldgierig, der Mann, glaube ich. Hat das Geld von einer 14-Jährigen genommen, das muss man sich mal vorstellen!

Ich habe das Pony dann zu einem Bauern in der Nähe gebracht. Ich war immer Pferdefreund gewesen und hatte auch viele Pflegepferde und ich kannte auch jeden, der ein Pferd hatte, und alle kannten mich. Ich war so.

Ein Pferdemädchen. Wo immer ich ein Pferd allein auf einer Wiese sah, bin ich hin, weil es mir so leidtat. Pferde wollen nicht gerne alleine sein. Ich bin also zu diesem Pferdehof geritten, habe geklingelt, und der Mann hat aufgemacht und als ich fragte, ob ich mein Pony unterstellen könnte, ich hätte es gerade gekauft, zögerte er kein bisschen. Einfach: „Ja klar". Es war alles unkompliziert in meiner Jugend. Und dann stand Bimbo eben dort. Ich habe alles neu organisiert und hatte ein bisschen Angst, dass meine Eltern davon erfahren. Es war sehr streng bei uns zu Hause, mein Vater hätte mich so verprügelt, da wäre ich nicht mehr aufgestanden. Schon allein wegen der fünfhundert Mark. Geld war knapp bei uns gewesen.

So war es schon sehr anstrengend, das Pony zu verheimlichen. Aber es bedeutete auch Freiheit für mich. Meine Eltern wissen vieles nicht, was wir im Serengeti-Park gemacht haben. Sie wussten nicht mal, dass wir dort waren. Sie haben gedacht, ich spiele bei meiner Freundin mit Barbies. Aber nicht, dass ich auf Ponys reite oder Affen füttere. Nichts von all den Geschichten haben meine Eltern bis zum heutigen Tage erfahren. Und wenn man sich das vorstellt, dass man eigentlich ein Doppelleben geführt hat … Einmal das zu Hause und einmal dieses wilde. Diese wilde Freiheit.

Ines Dalibor, Walsrode

DIE AFFENINSEL

Nachdem ich als Mädchen lange bei den Ponys geholfen hatte, wollte ich im Park mal etwas anderes machen. Ich glaube, da war ich auch schon 16 und konnte nach der Schule richtige Minijobs machen. Mir schwebte etwas mit Tieren vor. Prompt bekam ich einen Job auf der Affeninsel. Man musste so Gummiteile anziehen, eine Art Gummistiefel, die bis zur Hüfte gingen. Damit watete man durch den Wassergraben, um die Affen zu füttern. Ein Pfleger hat mir gezeigt, wie man das macht und wie alles geht, und dann wurde mir das frei überlassen.

Ich bin zu der Insel gestiefelt und einer der Affen hatte ein Junges, ist auf mich zugesprungen und hat mir sofort in den Arm gebissen. Hat mich richtig angefallen. Ich weiß nicht, habe ich noch die Narbe? Ja! Es war ein großer Pavian mit langen Zähnen und er hat ordentlich zugebissen. Aber viel hat mir das nicht ausgemacht. Ich war so fröhlich als Jugendliche, ich habe gedacht, na ja, das kommt eben vor. Aber der Vater von Fabrizio Sepe machte sich doch Sorgen. Zufällig war nämlich der Affe kurz danach verstorben und Herr Sepe dachte, das Tier hätte womöglich eine schlimme Krankheit gehabt und mich damit infiziert. Er meinte, dieser Affe hätte noch nie vorher gebissen, dieses Verhalten sei sehr seltsam und ich weiß noch, dass er bei uns zu Hause anrief. Von wegen, ob ich Tetanusschutz hätte, und ich müsste zum Arzt gehen und mich impfen lassen usw. Mir ist aber weiter nichts passiert, und irgendwann gab es auch diese Insel nicht mehr, die Affen bekamen ein anderes Zuhause.

Ines Dalibor, Walsrode

FAMILIE SERENGETI-PARK

Ich wurde älter und hatte irgendwann meine eigene kleine Familie. Ich bekam einen Sohn. In meinem Beruf als Erzieherin verdiente ich nicht viel, und ich war nicht nur alleinerziehend mit Sohn, wir hatten auch noch einen Hund und ein Pferd, und so habe ich wieder angefangen, zusätzlich im Park zu arbeiten.

Für mich war das super, weil ich mein Kind mit zur Arbeit nehmen konnte. Das gab es sonst nirgendwo und ich habe das total genossen. Mein Junge war so fünf oder sechs, also nicht mehr ganz klein, und morgens haben wir uns immer in einer Art Arbeitsraum getroffen, wo man seine Kleidung bekam.

Es war so schön, meine Kollegen haben sich direkt um meinen Sohn gestritten. „Ich nehme den Kleinen mit!" „Nein, ich nehm den heute mit!" usw., das war natürlich lustig. Jeder wollte den Jungen mit dabeihaben, er hat überhaupt nie jemanden gestört. Im Gegenteil, man gab ihm kleine Aufgaben und er konnte mithelfen und sich wichtig fühlen. Das werde ich nie vergessen. Jeder wollte den kleinen Jungen bei seinem Fahrgeschäft haben. Und er durfte schon mal einen Bügel zumachen oder irgendwas so eine Kleinigkeit. Und mein Sohn ist so oft Wasserbahn gefahren. Heute braucht er kein Karussell mehr. Für mich war das wunderbar. Man hat nie gedacht, dass irgendjemand dem Kind etwas tun würde oder so.

Wir waren wie eine große Familie. Ja, wie soll ich es sagen? Man hat sich richtig auf seine Kollegen gefreut, weil sie alle zu Freunden geworden waren. Ich kann das gar nicht weiter beschreiben. Man fühlte sich miteinander verbunden. Also, ich habe mich immer gefreut, zur Arbeit zu gehen. Und der Vater von Fabrizio Sepe war nicht streng zu uns. Er war für uns da, und alles war für uns geregelt. Es gab Pfleger und Tierärzte und Elektriker und diese ganzen Leute, und alle waren gleich nett zueinander. Es gab keine Hierarchien. Jeder hatte mit jedem Kontakt.

Ines Dalibor, Walsrode

DIE SCHIFFSCHAUKEL

Ab und zu bin ich mit meinem Sohn auch privat in den Park gegangen. Nicht als Arbeitskraft. Weil wir das einfach geliebt haben. Mein Sohn hat sonntagsmorgens manchmal gebettelt: „Ach komm, gehen wir in den Serengeti-Park“, und ich habe immer gerne was mit ihm unternommen. Über die Jahre war der Park moderner und größer geworden und es gab immer mehr Karussells. Immer neue Sensationen. Wenn man länger nicht da war, hat man gestaunt. Oh, da hat sich wieder alles verändert!

Dann war ich mit meinem Sohn in der großen Schiffschaukel, ohne zu wissen, dass ich diese Art des Schaukelns nicht vertrage. Uns gegenüber saß ein Mann mit einem Mädchen, und ich musste mich leider übergeben und der Mann bekam es ab. Das war sehr peinlich, und ich habe mich mehrmals entschuldigt. Zum Glück war das ein sehr netter Mann gewesen. Er war auch alleinerziehend mit seiner Tochter. Unsere beiden Kinder mochten sich auf Anhieb und haben den restlichen Tag im Serengeti-Park miteinander gespielt.

Also, erst hatten wir uns nach der Schiffschaukel getrennt, aber wir waren uns wieder über den Weg gelaufen und haben gelacht und gesagt, wenn wir uns nochmal wiedersehen, trinken wir zusammen Kaffee. So war das damals. Und dann liefen wir uns noch einmal über den Weg, und zwar ausgerechnet, als mein Sohn von einer Wespe gestochen worden war. Ich war wirklich verzweifelt. Die Stelle war angeschwollen und wurde immer dicker. Und da war schon wieder dieser Mann und sagte, komm, wir müssen das kühlen. Schon verrückt, alles am selben Tag.

Für den Rest des Tages blieben wir zusammen, die Kinder spielten, wir redeten. Als der Park abends schloss, fingen die Kinder an zu quengeln. Sie wollten unbedingt zusammenbleiben, so sehr mochten sie sich. Mein Sohn meinte, das Mädchen könnte doch bei uns übernachten, sie sei so nett und wir haben so viel Spaß!

Nun ja, wir müssen erst mal ihren Vater fragen, ob er das erlaubt, habe ich gesagt, und er gab sein Okay. Die beiden kamen aus Berlin und machten Ferien in Niedersachsen. Und erst wurden die Kinder Freunde und später wir Erwachsenen ein Paar. Es hat nicht ewig gehalten, aber es war eine schöne Zeit und wir sprachen oft darüber, wie wir uns kennengelernt haben und was das für ein glücklicher Zufall war.

Danke, Serengeti-Park!

Ines Dalibor, Walsrode

DER FLIEGENDE TEPPICH

Auch als mein Sohn älter wurde, habe ich oft im Park gearbeitet. Wenn mehrere Jobs frei waren, konnte man sich einen aussuchen, und ich übernahm gerne Karussells, bei denen man nicht nur langweilig den Knopf drückte, sondern die man selbst per Hand bedienen konnte. Wie zum Beispiel *Der fliegende Teppich.* Ich konnte entscheiden, wie lange die Leute fahren, ob ich sie oben irgendwo stehen lasse usw. Das fand ich spannend.

Es war es die Zeit Anfang der 90er, als die Leute aus dem Osten zu uns herströmten. Sie waren alle neugierig auf die Freizeitparks, klar, sie kannten das nicht. Ich glaube, fast achtzig Prozent der Besucher kamen aus Ostdeutschland. Und natürlich sind die meisten Ostdeutschen sehr liebe Menschen. Aber was soll ich sagen, manche waren einfach ein bisschen drüber. Sie kamen mit hohen Erwartungen und sobald etwas nicht lief, wie sie dachten, nörgelten sie und beschwerten sich. Sie haben uns Personal manchmal gar nicht wahrgenommen, sondern gesagt, so, das mach ich jetzt, wie ich das will. Manche waren da schon frech, fand ich, und es war oft anstrengend mit diesen Leuten. Kaum haben sie gesessen, wollten sie zum Beispiel, dass es losgeht, sie wollten nicht auf andere warten. Wie lange dauert es noch, haben sie gerufen. Und irgendwann reichte es mir mal. Da dachte ich, wisst ihr was? Ihr müsst verstehen, dass ich hier das Personal bin. Ich kann entscheiden, wann es losgeht und wie lange ihr fahrt.

Ich hatte da also wieder eine Gruppe, die ordentlich herumgemeckert hat. So, und da beschloss ich, ach, jetzt ist mal genug gemeckert, und ich ließ das Karussell hochfahren und stoppte es oben. Die Leute dachten, das gehöre zum Programm, sie sollten wohl die Aussicht genießen. Es ist ja auch schön, da oben zu stehen. Aber dann habe ich mich ein Stück vom Karussell entfernt, sodass sie mich sehen konnten. Und ich rief ihnen zu: „Ja, Leute. Ich habe jetzt Mittagspause." Die Gesichter werde ich nie vergessen. Es war so herrlich!

Ich habe schon ein bisschen ein schlechtes Gewissen. Und nicht, dass Fabrizio Sepe eines Tages hier vor der Tür steht und mit mir ein Hühnchen rupft. Obwohl, er kennt mich schon ewig. Ich war nachher auch als Journalistin im Park und habe im Grunde auch viel Gutes getan.

Jedenfalls zurück zu den Leuten im fliegenden Teppich. Diese Gesichter! Ich schlenderte seelenruhig zum Kiosk hinüber und trank einen Kaffee. Ich saß so, dass ich sie alle im Blick hatte, und hab gedacht, euch lasse ich noch ein bisschen schmoren, so frech wie ihr seid. Irgendwann bin ich zurückgegangen, und sie haben es tatsächlich mit Humor genommen. Ich war eine junge, attraktive Frau, und sie haben gesagt, ja, man müsste ja auch Pausen machen, das verstünden sie schon, und sie gaben mir sogar Trinkgeld.

Ich habe lange an den Karussells gearbeitet. Aber es war immer so still und irgendwann dachte ich, es wäre schön, Musik zu haben. So, und dann nahm ich meinen Ghettoblaster mit zur Arbeit. So ein Ding mit Boxen dran, wie man damals hatte. Ich dachte, mit Musik macht Karussellfahren bestimmt noch viel mehr Spaß. Was soll ich sagen? Ich hatte die meisten Leute, bei mir war immer gute Stimmung, und es sprach sich im Park herum.

Später wurde ein eigener Sender mit Serengeti-Park-Musik kreiert. Es wurden überall Boxen aufgebaut und man konnte an allen Karussells Musik hören. Ich weiß nicht mehr, wie dieser Sender hieß, aber ich fand es sehr cool. Es war so eine unbeschwerte Zeit, und dazu passte die Musik. Das vermisse ich.

Ich glaube, ich habe jedes Karussell damals einmal bedient. Sehr gerne mochte ich auch die Marienkäferbahn. Jeder hat sie geliebt. Sie machte keine Überschläge, war aber trotzdem eine Art Achterbahn.

Es saßen immer jeweils zwei Leute darin, und sie wurden einen Berg hochgezogen und dann ging es natürlich schnell runter. Diese Mechanik bediente ich von meinem kleinen Häuschen aus. Mir hatte aber niemand gesagt, dass die Bahn bei Regen nicht funktionierte. Ich zog also die Leute hoch und oben war die Bahn bereits nass und die Leute rutschten rückwärts wieder zurück.

Ich hatte keine Ahnung, woran das lag, und zog die Leute wieder hoch. Kaum waren sie oben, rutschten sie wieder zurück. Der Motor ackerte richtig, wenn es hoch ging, dann blieb sie stehen und gab auf. Ich war verzweifelt, weil ich ja die Verantwortung hatte. Hinterher sah ich das kleine Schild: „Bei Regen geht die Bahn nicht."

Ein paar Jahre später schrieb ich dann für den Wochenspiegel in Walsrode. Ich hatte einen super Chef und sagte ihm gleich, ich wolle am liebsten aus dem Serengeti-Park berichten, z.B. Reportagen über Tierkinder schreiben.

Und so wurde ich zu den Presseterminen eingeladen, machte Fotos und schrieb über den Tiernachwuchs. Man kam dabei den Tieren wirklich nah. Es wurden zum Beispiel Fleischbrocken in die Bäume gehängt und man durfte miterleben, wie die Tiere auf das Futter losgingen. Das war sehr beeindruckend. Manchmal bekam man ein Löwenbaby für ein Foto auf den Arm. Das war spektakulär. Selbst die Elefanten, auch wenn noch ein Graben dazwischen ist, können mit dem Rüssel darüber, und man kann sie berühren.

Schön war auch der große Parkgeburtstag, das 40-jährige Bestehen. Es gab Erdbeerkuchen, soweit das Auge reichte. Ein Riesenkuchen, und superlecker. Das werde ich auch nie vergessen. Die Gäste durften Kuchen umsonst haben, er wurde einfach verteilt, aber es war so ein großer Kuchen, dass er nicht weniger wurde und wir alle noch was mit nach Hause nehmen durften. Ich bin später durch den Ort gefahren und habe alle gefragt: „Hallo, hier ist noch Kuchen! Wer möchte noch Kuchen?“ Mein ganzes Auto war voll.

Ich bewundere, was die Familie Sepe aufgebaut hat und wie sie es über all die Jahrzehnte bestehen lassen. Ich meine, irgendwann hat ja auch mal jeder Ostdeutsche den Park gesehen. Aber trotzdem schafft es Fabrizio Sepe, den Park immer wieder aufs Neue anziehend zu gestalten. Ich möchte da nicht in seiner Haut stecken, diese ganze Verantwortung, meine Güte, was da alles dranhängt.

Und ja, das waren meine Geschichten. Die anderen zehn Geschichten behalte ich lieber für mich, die kommen vielleicht eines Tages in mein eigenes Buch.

Ines Dalibor, Walsrode

EINZIGARTIG IN EUROPA

Ich habe eine klare Meinung zum Thema „Zoo/Tierpark“: Wir brauchen sie zum Schutz der Arten – selbstverständlich immer vorausgesetzt, dass die Tiere dort gute Lebensbedingungen vorfinden. Und gerade in diesen Zeiten, wo es so viel Hass und Gewaltbereitschaft etwa in Schulen und Stadien gibt, halte ich die Begegnung mit Tieren für enorm wichtig, um Empathie zu fördern, die Gesellschaft zu sensibilisieren und resilient gegenüber der Verrohung zu machen. Wer Tiere beobachtet und sich in sie einfühlt, entwickelt ein Gespür dafür, andere Lebewesen mit ihren Unterschieden anzuerkennen und zu respektieren.

Ich selbst habe im Serengeti-Park mit meiner Familie zusammen einen Affen, eine Giraffe und zwei Löwen taufen dürfen und kann sagen, dass es ganz besondere Erlebnisse waren.

Zu einem früheren Parkjubiläum hatten sie ein Sofa mitten in das Gelände gestellt. Ich saß dort damals als Ministerpräsident Niedersachsens unter anderem mit Dieter Thomas Heck von der Hitparade. Um uns herum turnten Klammeraffen. Das Multitasking war nicht leicht: Kuchen abschneiden und gleichzeitig Fragen zu beantworten, während die Tiere so viel Aufmerksamkeit auf sich zogen – das brachte mich doch an meine Grenzen.

Am Serengeti-Park schätze ich sehr das Generationsübergreifende: Großeltern kommen mit ihren Enkeln, Familien erleben Spaß und Abenteuer, an die sie sich lange erinnern. Aber der Park tut nicht nur Familien gut, sondern auch dem Land Niedersachsen. Man denke an die vielen Arbeitsplätze. Und es sind sehr besondere Arbeitsplätze. Um sich zum Beispiel um die Elefanten oder Raubkatzen zu kümmern, braucht es Menschen mit viel Geduld und Einfühlungsvermögen sowie mit besonderer Kenntnis über die Tiere.

Beeindruckend ist auch, wie viele unterschiedliche Besucher der Park anzieht. Eine Menge Skandinavier biegen auf ihrem Weg nach Hause von der A7 ab, um hier einen Tag zu verbringen. Oder zu den Zeiten der Wende: Wie viele Gäste aus den neuen Bundesländern anreisten, wie viele deutsch-deutsche Begegnungen der Park ermöglichte.

Der Serengeti-Park ist einzigartig in Europa und ich bin sehr dankbar, dass es ihn gibt.

Christian Wulff,
ehemaliger Bundespräsident

© Laurence Chaperon

KINDHEIT IM PARK

Mit dem Serengeti-Park verbinde ich meine gesamte Kindheit.

Mein Vater Prof. Dr. Michael Böer war lange Zeit bei euch Tierarzt und zoologischer Leiter und dementsprechend habe ich oft die Wochenenden oder meine Nachmittage nach der Schule bei euch im Park verbracht und meinem Vater über die Schulter geschaut.

Besondere Highlights waren beispielsweise, dass wir für mehrere Wochen zwei Löwenbabys zu Hause aufgezogen haben, die Geburten der Elefantenbabys Bou-Bou und Nelly (die mein Papa und die Pfleger glaube ich auch, damals noch Paletta genannt haben, weil sie wohl anfangs auf einer Palette stehen musste, um zu trinken). Ich erinnere mich noch, dass ich ein paar Mal mit meinem Papa im Elefantencontainer übernachtet habe, kurz vor Bou-Bous Geburt, damit rechtzeitig jemand vor Ort ist, wenn Veris Wehen einsetzen.

Weitere Highlights waren die nächtliche Ankunft der weißen Löwen oder der erste Zuchtversuch der weißen Tiger, der leider zunächst in einem Blutbad endete und mein Vater das Weibchen danach wieder zusammenflicken musste.

Auch die erste Begegnung mit dem Gorillamännchen

Kerchak unter Aufsicht meines Stiefopas Dieter Drießlein oder die Besuche bei Hameed Hamza, der viele Tierbabys bei sich zu Hause aufgezogen hat, waren sehr einschneidende Erlebnisse.

Ich liebe den Serengeti-Park und fühle mich bei euch immer zu Hause, weil ich in meiner Kindheit vermutlich mehr bei euch als bei mir zu Hause war. Mittlerweile mache ich übrigens selbst eine Ausbildung zur Tiermedizinischen Fachangestellten. Die Zeit auf eurem Tierhof hat mich also definitiv nachhaltig geprägt.

Eva Böer

NASHORN KAI WIRD AUSGEWILDERT

1997 fand die weltweite erste Auswilderung eines in Gefangenschaft geborenen Nashorns statt: Das Breitmaulnashorn Kai wurde von Hodenhagen über Hannover/Frankfurt und Johannisburg zum Etosha Nationalpark in Namibia gebracht. Fabrizio Sepe reiste dorthin zusammen mit einer Gruppe Journalisten, um die Ankunft Kais zu erwarten und zu dokumentieren. Mit im Team der Journalisten war der Tierfilmer Eckart Pingel.

Er erzählt:

Wir warteten ewig auf Kai. Sehr viel später, als wir gedacht hatten, kam endlich die große Kiste an. Wir hatten angenommen, das Nashorn könne es kaum erwarten, aus der Transportbox zu kommen. So war es aber nun ganz und gar nicht. Kai rührte sich nicht. Inzwischen war es dunkel geworden.

Ich war der Einzige der Gruppe, der eine Taschenlampe dabeihatte. Es war eine große Stabtaschenlampe. Keine Ahnung, wieso ich die eingepackt hatte, aber ich hatte sie im Gepäck gehabt und holte sie nun heraus. Ich gab sie einem der Wildhüter und sah sie nie wieder.

Im Etosha Nationalpark war es absolut verboten, aus dem Wagen auszusteigen, aber wie soll man aus dem

Auto gute Fotos machen? Also verließen mein Team und ich den Wagen. Langsam robbten wir uns an das Wasserloch heran, in dem Kai stand. Das war super, von dort aus konnten wir eine Reihe guter Fotos machen. Am nächsten Tag waren wir allerdings ziemlich verwundert, als wir die Tageszeitung – die Windhoeker Allgemeine oder so – aufschlugen. Darin war ein großer Bericht über uns. Wir hätten gegen das Gesetz verstoßen, stand da.

Eckart Pingel,
Filmemacher, Gütersloh

DER PUPPENSPIELER

„Der Busfahrer ist leider heute erkrankt. Mein Chef hat mich gerade angerufen, ich muss heute einspringen. Eigentlich bin ich der Puppenspieler. Wenn Sie schon mal hier bei der Räuber-Hotzenplotz-Vorstellung waren? Ja, das bin ich! Der Räuber Hotzenplotz! Ich hab einen Führerschein, das schon, aber ich bin seit Ewigkeiten nicht mehr Bus gefahren. Ist alles so groß hier, das Lenkrad und so. Und warm ist es. Ich lass mal die Türen auf, ja? Wenn wir zu den Löwen kommen, rufen Sie bitte! So, wir starten. Ach Mist, das war wohl der Rückwärtsgang. Versuchen wir es mal mit diesem. Nee, auch nicht. Ach, jetzt hab ich ihn, den ersten Gang! Also nochmal! Los gehts, willkommen bei der Safari-Tour!"

Da hatte ich die Leute. Ich unterhalte gern die Gäste, mache gern ein kleines Show-Programm. Das kam immer gut an. Manche Besucher haben schon bei der Buchung gesagt, sie wollten die Tour mit dem Puppenspieler, und einmal hat mir ein Mann am Ende der Fahrt zehn Euro Trinkgeld gegeben mit den Worten: „Ich bin Tierarzt und merke, dass Sie nicht viel Ahnung von den Tieren haben, aber ich hatte selten so viel Spaß. Das ist mir zehn Euro extra wert!"

In den 33 Jahren, in denen ich jetzt hier arbeite, habe ich

viele unterschiedliche Sachen gemacht. Meine Frau und ich besitzen den Kiosk mit den Fruchtspießen und der Zuckerwatte. Viele Leute kommen seit Jahren zu uns, obwohl sich unser Stand am anderen Ende des Parks befindet. Ich hole jeden Morgen frisches Obst, sehen Sie, diese schönen Erdbeeren? Manchmal ist es stressig, aber wir arbeiten gerne hier. Unsere Kinder sind im Park aufgewachsen. Sie hingen sehr an Veronica (Schwester von Fabrizio Sepe). Sie hat sich viel mit ihnen beschäftigt, sie zum Beispiel zum Ponyreiten gebracht. Als sie zwölf, dreizehn waren, haben sie in den Sommerferien schon mit im Kiosk geholfen, das haben sie geliebt. Ein bisschen helfen und dann im Park herumstreifen. Sie waren hier zuhause, und meinem Sohn gehört heute der Fischstand dort drüben.

Wir sind Teil der Parkfamilie, inzwischen sind auch unsere Enkelkinder hier zuhause. Wir lieben Fabrizios (Sepe) italienischen Akzent, das Italienische ist so eine Herzenssprache.

Ich habe 15 Jahre lang auch die Shows moderiert, zum Beispiel die Wasserspringer-Show mit den Todesspringern. Das war damals alles noch viel wilder, die Sicherheitsauflagen nicht so streng. In den Shows gab es echtes Feuer. Die Leute waren so begeistert, sie haben stehend applaudiert. Später habe ich meine Moderationen auf CDs aufgesprochen, weil ich nicht mehr alles gleichzeitig schaffte. Zum Beispiel kamen auch noch die Dschungelfahrten mit dem Unimog dazu.

Wir unterbrechen unser Gespräch, weil Besucher kommen und Erdbeerspieße mit weißer Schokolade verlangen.

„Die mag ich auch am liebsten“, sagt Herr Laubinger.

**Oliver Laubinger,
Park-Mitarbeiter seit 1990**

GÄSTE AUS ALLER WELT

Wir hatten ja die Nashörner zu Hause aufgenommen, in der Zeit, bevor der Park eröffnet war. Später nahmen wir auch andere Tiere in unseren Stallungen auf. Ich weiß noch, wie spannend ich es fand, wenn die Tierhändler kamen.

Ich war noch ein junger Mann, und meine Mutter, die vor allem Plattdeutsch sprach, rief mich eines Tages an und fragte, ob ich eher nach Hause kommen könnte. Da sei ein Tierhändler aus Frankreich, der kein Deutsch spräche.

Ich hatte Französisch in der Schule gehabt und kam dann tatsächlich früher zurück. Der Mann saß in der Küche und wir unterhielten uns sehr angeregt über seinen Beruf und die Tiere. Es kamen viele Leute aus anderen Ländern. Ich habe das als große Bereicherung empfunden.

Heinrich Plesse

(Bruder von Heinz Plesse), Hodenhagen

DIE RENNBAHNPLÄNE

Eine Zeit lang gab es die Serengeti-Safari-Rallye in Hodenhagen. Start und Ziel waren überall hier in der Gegend, aber immer führte eine Schleife durch den Park. So Anfang oder Mitte der achtziger Jahre hatte der Park so seine Probleme und die Idee stand im Raum, alles zu schließen und eine richtige Formel-1-Rennstrecke daraus zu machen, eine riesige Motorsportarena. Eine Gruppe von Ratsmitgliedern fuhr daraufhin zum Nürburgring. Nicht offiziell als Gemeinderat, nur um sich zu erkundigen, wie eine professionelle Rennstrecke aussieht.

Danach wurden die Pläne konkreter und man gab Gutachten in Auftrag. Daraufhin regte sich Widerstand, so wie ich das weiß. Oder man war sich doch nicht sicher. 1974 war ja die Eröffnung gewesen und nun zehn, fünfzehn Jahre später schon wieder etwas Neues? Viele hielten das für Größenwahn. Dennoch, die Planung schritt voran. Es wurde ein Budget bereitgestellt von verschiedenen Seiten, aber der Hauptinitiator ging dann in die Insolvenz.

Die Pläne allerdings gibt es noch. Die Unterlagen sind nie vernichtet worden, sondern später, nach der Wende, Anfang der 90er, wurden die Pläne im Osten realisiert.

Die Strecke ist schließlich mit staatlichen Zuschüssen in Aschersleben gebaut worden.

Gerhard Tamke,
früherer Bürgermeister Hodenhagen

DIE ANFÄNGE MIT DEM VATER

Ich kenne Fabrizio Sepe, seit er etwa zwanzig Jahre alt war, und habe ihn gerade in den letzten Jahren viel begleitet. Er ist auf der einen Seite ein sehr ehrlicher Mensch, auf der anderen Seite ganz klar vom Park besessen. Ich war schon mit ihm irgendwo im Ausland unterwegs, und er bekommt einen Anruf und sagt: „Ich muss sofort zurück. NDR kommt gleich."

Die graue Eminenz haben sie mich im Park immer genannt. Ich war bei der Sparkasse Bremen und dafür bekannt, viel Industrieanleihen oder -kredite und sehr viel kaufmännische Sachen zu machen. Außerdem war ich viel im Umland tätig, was nur funktionierte, weil die Sparkasse Bremen eine freie Sparkasse ist. Die dürfen das, während die meisten anderen Sparkassen streng regionalbezogen sind. Mein Einfluss und mein Kundenstamm gingen von Bremen bis Hannover.

Eines Tages kam der Herr Sepe (Paolo Sepe) mit seinem Steuerberater zu mir. Es war Anfang der 80er-Jahre, ich kannte den Park damals nicht. Paolo erzählte, er würde gerne bei uns ein Konto eröffnen. Aber er würde es gleich sagen: Länger als zwei Jahre bliebe er nie bei einer Bank. Darauf wollte ich den Termin gleich beenden und sagte so etwas wie: „Das war ein schönes Gespräch und tschüss."

Das war der Anfang einer langen, engen Zusammenarbeit.

Die Sparkasse Bremen war eine Zeit lang die einzige Bank für den Park. Es kam eine Regionalbank für die Tageseinnahmen hinzu, aber letzten Endes gingen alle Finanzierungen über meinen Tisch. Paolo war dabei immer für Überraschungen gut.

Einmal war ich mit drei Freunden im Urlaub auf Mallorca, als mich meine Frau anrief: „Paolo sucht dich."

Ich sagte: „Er weiß doch, dass ich Urlaub habe, er soll mich zufriedenlassen."

„Er steht mit seinem Schiff im Hafen von Andratx, gleich bei dir in der Nähe. Du sollst unbedingt kommen. Und deine Freunde kannst du mitbringen."

In Andratx erwartete er mich auf einem kleinen Zweimaster mit Kapitän und allem Kram.

„Wir fahren jetzt zum Abendessen nach Ibiza und auf dem Weg dahin können die Jungs trinken und wir beiden schnacken", sagte er. Wir kamen nur bis zum Hafen, weil einer von uns seekrank wurde und wir umdrehen mussten. Es stellte sich heraus, dass es um eine Wildwasserbahn ging, die Paolo für drei Millionen Mark kaufen wollte. In Frankreich war ein großer Vergnügungspark gerade in die Pleite geraten, und wenn Paolo die Bahn haben wollte, musste er sofort zusagen. Ich hatte bloß eine Kompetenz von 200.000 Mark, alles darüber musste durch die Hierarchien der Bank.

„Ich brauche die Zusage jetzt auf der Stelle“, beharrte Paolo, und was sollte ich machen, ich sagte, na gut, kauf! Ich habe hinterher Ärger mit der Bank gehabt, aber das kannte ich, das war nichts Neues.

Er hatte diese Manie, ständig die Besucherzahlen zu kontrollieren. Es war aber nicht nur, dass er wissen wollte, wie viele Besucher bei ihm im Park waren, nein, es ging auch um die Zahlen der Konkurrenz. So hatte er jemanden auf dem Parkplatz vom Heidepark Soltau stationiert, der die Autos zählte, genau wie jemanden in Walsrode beim Vogelpark. Das waren Statistiken ohne Ende. Ich habe gesagt: „Was wollen Sie damit? Ist doch völlig egal, wie viele Leute woanders sind.“ Aber nein, nicht für ihn.

Fairerweise muss man sagen, dass Paolo unternehmerisch fast alles richtig gemacht hat.

Anfang der Neunziger hatten wir eine anständige Bilanz mit Eigenkapital. Damit war das erste große Ziel erfüllt und die Frage nach Expansion stand im Raum. Bauen wir ein Hotel? Und da kam Fabrizio das erste Mal ins Spiel mit seiner Idee von den Park-Bungalows. Die ersten achtzig Lodges wurden gebaut. Das war der Durchbruch zu dem, was heute läuft.

Rücktritt Paolo Sepe

Die große Wende im Park war gekommen, als Paolo seinen Rücktritt verkündete. Ich hielt mich zu der Zeit im

Ausland auf und hatte mich schon etwas aus den Parkgeschäften zurückgezogen, aber immer, wenn Paolo mit den anderen Banken nicht zurechtkam, rief er mich an. Ich war nicht mehr offiziell verantwortlich, war inzwischen vom Betreuer und Berater zum Freund gewechselt. Man muss sich das vorstellen: Paolo war ein Kerl von einem Mann, ein Baum, und auf einmal bekommt er den grauen Star und kann kaum noch sehen. Er kam damit nicht klar, stauchte seine ganzen Leute zusammen und wurde unzufrieden. Ich sagte: „Geh doch in den Ruhestand und lass die Kinder machen."

Er wollte sich erst lange nicht zurückziehen, aber dann hatte er sich etwas überlegt. Veronica sollte 49,5 % Parkanteile bekommen und Fabrizio genauso viel. Die restlichen 1 % sollte ich bekommen. Er sagte: „Solange sich die beiden einig sind, brauchst du nie etwas machen. Aber wenn die sich nicht einig sind, entscheidest du."

Da habe ich nur gesagt: „Nee, Paolo, da habe ich keine Lust drauf." So. Und seit ich 2010 aus dem Ausland zurückgekommen war und in Rente ging, mache ich das ohne diese 1 %. Es gab zwei Phasen. Einmal, als die Banken zweifelten, ob die Kinder in der Lage seien, den Park ohne Paolo zu führen. Ich wusste aber, dass sie das können, und habe das den Banken versichert. Als dann die ersten Bilanzen kamen, waren sie sogar wesentlich besser als die vom Vater. In der zweiten Phase zeigte sich, dass im Betrieb Strukturen fehlten, weil der Vater alles gemacht hatte, und die Kinder hatten mitspielen müssen. Wir mussten also eine Struktur reinkriegen. Bereichsleiter schaffen, Hierarchie einbauen, Abläufe konzipieren usw. Wir holten einen Unternehmensberater und später externe Geschäftsführer. Das klappt gut, inzwischen ruft mich Fabrizio nur noch selten an. Und wenn, reden wir über Familie und Kind und kaum über den Park.

Meine letzte große Aufgabe war, mich langsam aus dem Park zurückzuziehen und Fabrizio und Veronica machen zu lassen. Allerdings hatten beide vollkommen unterschiedliche Auffassungen vom Park. Fabrizio hatte als Ziel schon immer eine Million Besucher pro Jahr vor Augen. Veronica dagegen wollte Geld aus dem Park ziehen und sich allmählich verabschieden. Und immer, wenn eine neue Investition anstand, rief Fabrizio „Machen wir!“ und Veronica winkte ab. Ungefähr vier Jahre lang war ich nichts anderes als Vermittler zwischen den beiden. Irgendwann einigten sie sich: Veronica wurde ausgezahlt und ist weg.

Kaufanfragen

In der Geschichte des Parks gab es immer Leute, die den Park kaufen wollten. Diese Verhandlungen habe ich alle geführt, aber eigentlich waren das jedes Mal Leute, die mal schnell zehn Millionen reinstecken und dreißig Millionen rausnehmen wollten. Und zu Fabrizio habe ich immer gesagt: „Angenommen, du verkaufst, was machst du dann? Willst du Geschäftsführer sein und dir von einem CEO sagen lassen, wie dein Park zu führen ist?"

Einmal hatten wir einen indischen Milliardär, der groß in den Park einsteigen wollte. Er stand weit oben auf der Liste der reichsten Menschen der Welt. Ich flog für ein Treffen mit ihm nach Mailand. Fabrizio kam nicht mit, aber Giovanni und Veronica waren dabei. Wir waren in einem Hotel verabredet, aber als wir ankamen, kannte diesen Mann niemand an der Rezeption. Wir setzten uns ins Foyer und warteten. Und dann kam einer. Auf der Liste hatte ich ein Foto gesehen. Also der war das eindeutig nicht. Er behauptete, er sei der Neffe oder Cousin. Im Grunde suchte dieser Typ eine Geldwäschemaschine. Solche Erlebnisse hatten wir ein paar Mal.

Wenn ich an Paolo denke, fällt mir seine Spontanität ein. 1996 rief er mich an und sagte: „Du musst mal eben in die Karibik fliegen. Ich habe da ein Grundstück gekauft. Das musst du dir angucken."

Es war auf einer kleinen Insel. Paolo war der Meinung, dass die Amerikaner die Bahamas und Bermudas bald leid würden und neue Ferienorte bräuchten. Ich flog also zu ihm. Auf der Insel gab es einen Flughafen, einen Golfplatz und einen Yachthafen. Das war, was für Paolo zählte. Er liebte Golf, ich glaube, er war sogar mal italienischer Meister gewesen. Ansonsten standen auf der Insel vor allem Wellblechhütten.

Ich sollte am Flughafen von Pedro, dem Fahrer, abgeholt werden, aber ich steh da und niemand kommt. Ohne Adresse und Handy war ich ziemlich aufgeschmissen, aber als klar war, dass niemand kommt, schnappte ich mir ein Taxi und ließ mich zum höchsten bebauten Punkt der Insel bringen. Wir fahren also berghoch und da steht Paolo. Er hatte mich vergessen abzuholen.

Es stellte sich heraus, dass Paolo den ganzen Hügel gekauft hatte. Auf der einen Seite guckte man auf den Atlantik, auf der anderen Seite zur Karibik. Oben war ein Bungalow. Davon ließ er dann zwanzig Stück bauen und vermietete sie später an Fluggesellschaften. Immer wenn sie über See geflogen sind, musste das Flugpersonal zwei, drei Tage Ruhepause einlegen. Ich glaube, ganz KLM hat jahrelang in diesen Dingern übernachtet. Paolo hatte Häuser auf Elba, in Polen, in Tirol. Die gehörten nicht unbedingt ihm, manchmal waren sie für ein Jahr gemietet, aber immer standen sie auf dem höchsten Punkt der Gegend. Das war sein Ding.

Illustre Gäste

In Hodenhagen besaß Paolo ein Landhaus. Wenn man dort zum Essen eingeladen war, wusste man nie, was einen erwartet. Es war immer die Frage, macht er selbst die Tür auf oder ein Butler mit weißen Handschuhen? Ein befreundeter Banker hat mir mal erzählt, er war bei Paolo eingeladen und neben Lia und Veronica saß am Tisch ein Italiener, der ihm bekannt vorkam, aber er konnte ihn nicht einordnen. Nach dem Essen fragte Paolo diesen Mann, ob er nicht ein bisschen was singen wollte. Es war der Pavarotti.

Einmal gab es eine größere Veranstaltung von der Bank und der Vorstand bat mich, die Sepes einzuladen. Paolo sagte, er käme sehr gern, hätte aber dann gerade Besuch aus Italien. Ob er seine Gäste mitbringen dürfe? Kein Thema. Klar.

Dann kam also Paolo mit Lia, die ja immer auch eine Show war, so elegant, und eben auch die Gäste, ein Paar. Und wir stehen da mit meinem Vorstand, sprechen über Geschäfte und mein Vorstand fragt diesen Mann, ob er sich denn auch ein bisschen im Bankgeschäft auskenne. Da sagt der, ihm gehöre die Soundso Bank in Italien. Ich hätte jetzt beinah gesagt, er war einer von den Medicis. Aber so ähnlich. Meinem Vorstand fiel die Kinnlade herunter. Das war ein schönes Erlebnis.

Helmut Punke,
Sparkasse Bremen

BEGEGNUNGEN
MIT
TIEREN

DIE PAVIANBANDE

Wir haben den Park damals mit dem funkelnagelneuen Auto meines Vaters besucht. Er war so stolz auf dieses Modell, und wir machten eine große Urlaubsreise quer durch Deutschland damit. Es war das erste Mal, dass wir uns einen Neuwagen leisten konnten, und mein Vater hielt gefühlt an jeder Tankstelle an, um die Insekten von der Scheibe zu entfernen, Spinnweben und Staubflusen abzustreifen und sich zu vergewissern, wie schön der Lack glänzte. Ich glaube, wir waren auf dem Weg zum Meer, als meine Mutter vorschlug, einen Abstecher in den Serengeti-Park zu machen. Na klar, wir waren alle begeistert. In der Schlange vor dem Ticketschalter war mein Vater noch super entspannt. Ich weiß noch, wie lässig er den Arm im geöffneten Fenster hatte. Meine Mutter mit ihren frisch aufgetürmten Locken saß auf dem Beifahrersitz mit einer Tüte Gummibärchen auf dem Schoß, von denen sie ab und zu eine kleine Portion zu uns Kindern nach hinten auf die Rückbank reichte.

Wir starteten die PKW-Safari und waren begeistert. Als wir allerdings durch die Affenanlage fuhren, sprang plötzlich eine Bande Paviane auf das vor uns fahrende Auto. Wie eine Horde Piraten waren sie aus dem Nichts aufgetaucht und enterten den Wagen. Wir sahen mit

Entsetzen, wie sie die Düsen der Scheibenwischeranlage herauszerrten und neugierig untersuchten. Meinen Vater befiel leichte Panik. Zum Glück waren die Paviane so beschäftigt, dass wir uns vorsichtig vorbeimogeln konnten. Das neue Auto blieb unversehrt.

Daniel und Manuela
aus der Schweiz

STREICHELTIERE

Nach einem wundervollen Tag im Serengeti-Park mit vielen tierischen Begegnungen, Nervenkitzel und zauberhaften Shows sollte ein Abstecher zum Streichelzoo unseren Besuch abrunden.

Ich kaufte zweimal Futter für die Ziegen und Schafe. Kaum hatte ich es in den Händen, kamen auch schon sämtliche Tiere angelaufen, die die Leckerlis witterten. Sie waren nicht zu bremsen und belagerten meine Tochter und mich wie eine Horde Wilder.

Eigentlich sollte mein Sohn die Ziegen füttern, verweigerte aber mit den Worten: „Nee, mach du mal, sonst springen die mich auch noch an."

Mir blieb nichts anderes übrig, doch ich hielt nicht lange durch und warf das Futter schließlich einfach in die Menge. Meine Tochter war etwas länger tapfer und sah am Ende wegen der rabiaten Ziegen ziemlich mitgenommen aus.

Wir haben sehr gelacht! Und der Jüngste unserer Familie freute sich, dass er so viele Streicheleinheiten auf einmal verteilen durfte.

Kristin

RAUBTIERE

Mir wurde als Kind immer eingeredet, Raubtiere seien böse Tiere. Sie beißen und wollen alle nur Böses. Dann war ich vor Jahren bei euch im Serengeti-Park und nahm an der Safari-Tour teil. Dieser Tag hat mein Leben verändert.

Ich liebe alle Tiere. Es gibt so wunderbare und schöne Tiere. Ihnen so nah zu kommen wie bei euch, zeigt mir, man braucht keine Angst zu haben, Respekt reicht. Mein Lieblingstier bleibt seitdem der Löwe.

ELEFANTENFÜTTERUNG MIT AUBERGINE

Seit meinem 7. Lebensjahr (1996) war ich mit meinen Eltern jedes Jahr zu meinem Geburtstag am 19. September bei euch im Park, bis 2003. Es waren immer tolle Erlebnisse und als Pflicht musste es zuerst auf das schöne alte Karussell gehen. Die einprägsamste Erinnerung war, dass ich mit einer Aubergine einen Elefanten füttern durfte. Seitdem ist meine Liebe zu diesen Tieren besonders groß.

2016 war ich dann das erste Mal wieder bei euch, mit einer Freundin. Wir hatten gerade unser Staatsexamen als Röntgen-Assistentin abgeschlossen und auf der Busfahrt streckte eine Giraffe ihren Kopf in den Bus. Wir haben uns daraufhin gefragt, wie lang es dauern würde, alle Halswirbel einer Giraffe zu röntgen. Das bekam amüsiert der Busfahrer mit und daraus ergab sich dann ein ganz tolles Gespräch mit ihm.

Euer Park gehört zu meiner kompletten Kindheit dazu und selbst jetzt mit 33 Jahren fahre ich wieder jedes Jahr zu euch.

Vielen Dank dafür!

GEBURTSTAG MIT GIRAFFE

Meinen 50. Geburtstag habe ich mit meiner ganzen Familie im Park gefeiert. Wir hatten einen eigenen Bus für uns, einen Doppeldeckerbus. Mein Bruder saß vorne, und als wir zu den Giraffen kamen, war die Tür geöffnet. Der Busfahrer sagte zu meinem Bruder, er solle ein kleines Stück Möhre in den Mund nehmen. Mein Bruder hat sich erst geweigert. „Nee, das mach ich nicht!" „Doch, mach mal!" Und dann hat er dieses Stückchen Möhre im Mund gehabt, die Giraffe steckte den Kopf durch die Tür und ihre Zunge wurde immer länger, immer länger. Am Ende hat mein Bruder alles klebrig am Hals gehabt. „Nie wieder", meinte er. Aber ich weiß, es war doch ein tolles Erlebnis für ihn.

Karsten Gutsmann, Düshorn

DER SCHNULLERDIEB

Ich bin schon als Kind gerne mit meinen Eltern in den Serengeti-Park gekommen. Ich erinnere mich noch, dass ich einmal ein Tigerbaby auf den Arm nehmen und füttern durfte. Das war eins dieser Erlebnisse, die man sein Leben lang nicht vergisst.

Inzwischen komme ich immer wieder gerne mit meinen Kindern zu euch. Einmal waren wir bei den Affen. Ich habe einen Moment nicht so richtig aufgepasst und auf einmal rennt mein kleiner Sohn los, hinter einem Affen her. Ich bin gleich hinterher gesprintet. Es stellte sich heraus, dass der Affe meinem Sohn den Schnuller aus dem Mund gestohlen hatte. Mein Sohn konnte es gar nicht fassen und wollte den Schnuller natürlich zurück.

Ich freue mich jedes Jahr auf die neuen Attraktionen, auf die Tiere und neue Gesichter.

Silke aus der Lüneburger Heide

EIN COOLER TAG MIT DROMEDAR UND GIRAFFE

Darf ich euch auch eine Geschichte erzählen, obwohl ich erst zehn bin? Oh, wirklich? Na, dann leg ich mal los! Zuallererst fand ich es schon mal toll, dass ein Dromedar zu uns ins Auto geschaut hat! Es hatte auch sogar mit mir gekuschelt. Als wir dann bei den Giraffen waren, hat eine Giraffe zu uns ins Auto geschaut und auch unser Auto abgeleckt. Das war sehr lustig. Wir gingen dann später zu den Affen. Ich hatte einen Hut auf und einer der Affen stürzte sich auf mich und schnappte sich meinen Hut und rannte damit weg. Ich fand das lustig, zumal er ihn dann auch wieder zurückgebracht hat. Später hat sich noch ein Affe bei mir auf den Rücken gesetzt. Das war ein cooler Tag.

Und meine Erziehungsberechtigten haben gesagt, dass meine Geschichte veröffentlicht werden darf.

Lenya

PAVIANMAMAS FÜR DAS MENSCHENBABY

Ich bin Förster und habe schon Paolo Sepe beraten, wenn es um den Umgang mit dem Wald und den Bäumen ging. Und heute berate ich Fabrizio Sepe. Zum Beispiel war ich involviert, als das neue Feriendorf gebaut wurde. Ich habe vorher die Bäume vermessen und bestimmt, welche gefällt werden konnten. Einige von denen waren sowieso abgestorben. Ich habe die Gutachten dazu erstellt.

Mir geht es als Förster darum, so viel Wald wie möglich zu erhalten und dann wäge ich ab, wie wir es schaffen, den Tieren möglichst viel freien Lauf zu lassen. Eine Menge der Tiere, besonders Giraffen und die rinderartigen Tiere, sind Rindenfresser. Die fraßen uns also schon immer die Bäume auf. Und so war es ein häufiger Streitpunkt zwischen den Parkinhabern und mir, dass ich mich immer schützend vor den Wald gestellt habe. Das musste sein, denn die Tiere nehmen keine Rücksicht. Nur zum Zeitvertreib fressen die locker mal eben die komplette Rinde von einer 80-jährigen Kiefer. Und dann ist sie tot.

Früher war schon mehr Wald. Er ist zurückgegangen, weil zum Beispiel die Spielplätze gebaut wurden. Ursprünglich sollte der Schwerpunkt bei den Tieren liegen. Aber als man das Riesenrad und andere Attraktionen baute, zog das noch sehr viel mehr Besucher an. Man fing auch an, in den Großstädten wie in Berlin und auf den Fähren von Skandinavien Werbung zu machen. Das zeigte Wirkung.

Meine Frau hatte eine Kleintierpraxis in Fallingbostel und war Vertragstierärztin für den Park. Das machte sie nebenbei, aber es war ein relativ hoher Anteil von Stunden, da die Tiere regelmäßig behandelt werden müssen. Außerdem konnte sie gut mit dem Narkosegewehr umgehen.

In dieser Geschichte, um die es geht, spielt Hameed Hamza eine große Rolle. Von dem haben Sie sicher schon gehört. Sehr schade, dass er nicht mehr lebt. Ein toller Mann. Er war Leiter der gesamten Tierpflegegruppe und hatte ein großes Herz für Tiere. Er ist da mit Herzblut rangegangen, hat Welpen von Tigern oder was auch immer zum Aufpäppeln mit nach Hause genommen.

Als unser Sohn gerade geboren war, nahm meine Frau ihn oft in einer Tragetasche mit zu ihren Einsätzen. So auch an jenem Tag. Ich weiß nicht mehr, worum es konkret ging, sie arbeitete jedenfalls zusammen mit Hameed und stellte die Tasche mit dem Baby ein Stück neben sich ab. Damals waren die Paviane noch in dem großen Areal, wovon sie jetzt durch das Wasser getrennt sind. Sie liefen durch den gesamten afrikanischen Sektor und haben auch die Autofahrer immer belästigt, haben ihnen die Spiegel abgebrochen und alles Mögliche. Meine Frau war also in ihre Arbeit vertieft, ließ dabei natürlich die Tragetasche aus den Augen, und als sie wieder hinschaute, war da eine ganze Gruppe weiblicher Paviane, die sich an der Tasche zu schaffen machte.

Darauf ist meine Frau in Panik geraten und hat sich später bei Hameed beschwert, er hätte nicht energisch genug und schnell genug eingegriffen, wobei der ihr als ausgesprochener Kenner darauf sagte:

„Du brauchst dir keine Gedanken zu machen, die gehen mit kleinen Kindern mindestens so gut um wie du selbst als Mutter."

Christian Seeben Arjes,
Förster, Ostenholz

DER GIRAFFENKUSS

Das erste Mal, als wir im Serengeti-Park waren, machten wir diese Safari mit dem Bus. Diese Fahrt, bei der man an manchen Stellen Halt macht, um die Tiere zu füttern. Ich liebe Giraffen. Ich finde sie sehr besonders mit ihrem langen Hals. Sie sind atemberaubend mystisch und süß zugleich. Und, wie ich gelernt habe, auch gefährlich. Sie können sich gegen Löwen wehren, indem sie um sich treten.

Es war ein besonderer, toller Tag. Wir durften die Giraffen füttern. Ich meine, wo kann man das schon? Leider weiß ich den Namen der Giraffe nicht mehr, die ich füttern durfte. Sie kam mit dem Kopf in den Bus, ganz nah an mein Gesicht, schaute mich an, schnupperte ein bisschen und gab mir einen Kuss.

Das werde ich nie vergessen. Das war ein Gefühl, das mich seit dem Tag begleitet. Mir kommen die Tränen, wenn ich daran denke. Warum hat sie das wohl gemacht? War es Zufall oder hat sie das bewusst gemacht? Ich wusste bis dahin nicht einmal, dass Giraffen küssen können. Es war ein unbeschreiblich schönes Gefühl. Vielleicht so, als wäre man sein ganzes Leben lang hochverschuldet und bekommt plötzlich unerwartet Geld. So eine Art riesige Erleichterung.

Das ist ein unvergesslicher Tag für mich gewesen. Immer wieder erzähle ich davon, immer wieder poste ich das. Seit dieser Zeit bin ich sehr viel entspannter. Als hätte mich ein Arzt von allen Krankheiten geheilt.

Meine Kinder hatten den Tag auch sehr genossen, waren aber auch ein bisschen neidisch, weil die Giraffe nur mich geküsst hat.

Carmen

KATTAS IM LANDTAG

Da gibt es die Geschichte mit der Ministerin aus Niedersachsen, sie muss damals Ministerin für Kultur und Schule gewesen sein. Sie hatte den Park mit einer Schulklasse besucht, und ich machte Aufnahmen von ihr im Katta-Gehege. Sie hatte diese Äffchen auf der Schulter sitzen und hatte sichtlich Spaß dabei. Eine dieser Aufnahmen vergrößerte ich auf Posterformat und brachte es ihr als Überraschung in ihr Büro in den Landtag, während sie zur Mittagspause war. Ich beobachtete sie, als sie zurückkam und sich an den Tisch setzte, und wie sie plötzlich strahlte, als sie dieses Bild sah, und dann in die Runde blickte, wo denn bloß der Hollemann sei.

**Holger Hollemann,
Fotograf,
Langenhagen**

DIE SCHLAMMDUSCHE

Meine Frau hat im März Geburtstag. Wir wollten reinfeiern und Fabrizio Sepe einladen. Er sagte aber ab, weil die Elefantengeburt von Boubou anstand. „Es könnte sein, dass der Nachwuchs gerade heute Nacht kommt, und das darf ich nicht verpassen.“ Etwas in der Art sagte er. Tatsächlich kam der kleine Elefant in dieser Nacht zur Welt und hat somit zusammen mit meiner Frau Geburtstag.

Zur Taufe waren wir eingeladen und reisten extra aus Schleswig-Holstein an, der Heimat meiner Frau. Da war der kleine Elefant im Stall mit seinem Pfleger und schwenkte den Rüssel. Der Pfleger nahm den Rüssel und pustete hinein, und meine Frau machte das nach.

Ein paar Monate später besuchten wir wieder Boubou. Diesmal war er schon etwas größer. Er hatte in einem Pool geplanscht, und der platzte, das Wasser lief aus und der Elefant spielte weiter im Matsch. Er wälzte sich im Schlamm, hatte großen Spaß dabei. Wir wollten aber, dass er an den Zaun kam.

Meine Frau rief ihn und man sagt ja immer, dass sich Elefanten Stimmen gut merken können. Irgendwie horchte er also auf, als er meine Frau hörte, kam zur Grenze des Geheges und streckte seinen Rüssel vor.

Meine Frau machte es wieder so wie bei der Taufe: nahm den Rüssel und pustete hinein. Der Kleine pustete zurück und meine Frau bekam eine Ladung Schlamm ins Gesicht.

Geistesgegenwärtig hob ich meine Kamera und machte ein Foto. Nur leider finde ich das gerade nicht mehr wieder.

Holger Hollemann,
Fotograf, Langenhagen

PANNE BEI DEN LÖWEN

Wir waren heute mit unseren beiden Söhnen zum ersten Mal als Familie im Serengeti-Park und machten die Safari-Tour mit dem eigenen Auto. Es war zwar viel los, aber trotzdem ein tolles Erlebnis. Nun ja, bis plötzlich der Motor unseres Wagens ausging und nicht mehr anspringen wollte. Ausgerechnet bei den Löwen. Das war mehr als unangenehm. Noch sahen sie friedlich aus, aber wir waren schließlich im Auto gefangen, konnten nicht aussteigen, nicht fahren, gar nichts. Das war schon eine beklemmende Situation und unsere Söhne wurden auch zunehmend stiller auf der Rückbank.

Zum Glück haben wir bereits nach kurzer Zeit Hilfe bekommen von zweien ihrer Mitarbeiter, die nicht nur auf die Sicherheit geachtet haben, sondern auch sehr freundlich waren und uns kein blödes Gefühl gegeben haben. Sie waren wirklich unsere Rettung gewesen und machten die für uns doch recht unangenehme Situation weniger schlimm. Von Herzen Danke dafür! Wir konnten trotzdem noch eine gute Zeit zu Fuß im Park verbringen. Wir kommen gerne wieder.

Lea und Familie

BERÜHRENDE MOMENTE

Schon immer habe ich von Afrika geträumt. Von den Tieren dort, von der Weite. Mit fünfzehn habe ich das Buch „Die weiße Massai“ gelesen“. Ich glaube, danach fing es an. Die Afrika-Sehnsucht. Das ist fast zwanzig Jahre her.

Einmal war ich in einem Zoo in Thüringen (wo ich lebe) und stand vor diesen Giraffen. Ich kann gar nicht sagen, was da mit mir passiert ist. Ich war wie erstarrt. Gar nicht mehr richtig anwesend. Ich habe nur diese wunderbaren Tiere angestarrt. Und einmal war in meiner Nachbarstadt ein Fest, und sie hatten einen Elefanten. Dieses große Tier lief durch die Straße direkt an mir vorbei, und wieder hatte ich dieses besondere Gefühl. Diese Ehrfurcht. Herzklopfen. Tränen in den Augen.

Die Begegnung mit solchen beeindruckenden Tieren macht etwas mit mir. Sie berührt mich tief im Herzen.

Im Sommer 2022 war ich dann mit meinem Sohn Elias bei euch. Wir hatten eins der Häuser der Massai Mara für eine Woche gemietet und ich muss sagen, die eine Woche hat mich absolut befreit von all meinen Sorgen. Das hat mir sehr gutgetan.

Wir hatten ein gutes Sichtfeld auf die Wiese und konnten morgens von der Veranda aus Giraffen sehen. Das war ein absoluter Traum.

Ich hatte gerade eine schwere Zeit durchgemacht und während der Tage im Park konnte ich gut abschalten. Am letzten Abend saß ich allein auf der Terrasse und musste ein bisschen weinen. Einerseits vor Glück, weil die Giraffen so nah waren, und andererseits war ich traurig, weil ich nicht mehr abreisen wollte. Der Gedanke kam auf, zuhause in Thüringen alles stehen und liegen zu lassen und bei euch zu bleiben. Im Park zu arbeiten und immer bei den Tieren zu sein.

Katrin, Thüringen

DER FIGHT DER NASHÖRNER

Ich mag den Park sehr, und auch den Inhaber, Fabrizio Sepe. Mein Erlebnis liegt schon etwas zurück, aber es war so beeindruckend, dass wir noch heute oft davon erzählen.

Es war ein schöner Tag im Sommer, und wir fuhren mit dem Auto durch die Tierwelt. Die ganze Familie, die Kinder saßen hinten. Wir waren schon fast komplett durch alle Gehege gefahren, als uns zwei Nashörner den Weg versperrten. Die beiden hatten einen Fight, hatten nur Augen füreinander und nahmen nichts anderes wahr.

Ich musste anhalten, und die beiden standen sich gegenüber, nahmen unser Auto praktisch als Puffer. Mal war der eine vorne und der andere am Kofferraum, dann wieder standen sie seitlich, der eine an der Fahrerseite, der andere gegenüber. Irgendwas war zwischen den beiden los, sie sahen ziemlich sauer aus und waren in ihrem Zustand ziemlich beeindruckend. Natürlich hatten wir schon ein bisschen Angst. Aber gleichzeitig war uns klar, dass wir gerade etwas sehr Seltenes und Besonderes miterleben durften.

Nach einer Weile beruhigten sich die beiden wieder und zogen ab. Wir hatten eine kleine Beule am Wagen, an der Fahrerseite, und ein cooles Erlebnis, das wir wohl nie vergessen werden.

Torsten Frings, Fussballer

FAHRT DURCH DIE TIERWELT

Ich war so Anfang der 90er Jahre mit meinem Mann und den Kindern im Serengeti-Park, der damals natürlich noch ganz anders aussah und auch viel kleiner war.

Wir fuhren mit dem privaten PKW durch die Tierwelt und waren schon sehr aufgeregt. Natürlich haben wir den Kindern erklärt, dass die Fenster geschlossen sein müssen. Mein dreijähriger Sohn hatte da allerdings so seine eigenen Ideen. Er machte das Fenster auf und es kam, wie es kommen musste, wir hatten einen Giraffenkopf im Auto. Es hat eine Zeit gedauert, bis die Giraffe sich entschloss, unser Auto wieder zu verlassen. Zum Glück war nichts passiert. Das Positive war, die Kinder hatten jetzt verstanden, wieso die Fenster geschlossen sein müssen.

Wir fuhren weiter durch das Affengehege, was damals noch möglich war. Ungünstig war, dass wir vergessen hatten die Autoantenne abzuschrauben. Ein putziger Affe setzte sich auf die Motorhaube und schaute uns an, während er in der Nase bohrte, sehr zur Freude der Kinder. Dann entschloss er sich, mit aller Zeit der Welt, auf das Autodach zu klettern und vorsichtig die Antenne abzuschrauben. Mit unserer Antenne in der Hand verabschiedete er sich winkend.

An diesem Wochenende waren wir wieder im Park, fast dreißig Jahre später.

Meine Kinder mit Ehepartnern und die Enkelkinder waren auch dabei. Wir hatten als Großfamilie die Doppeldecker Lodge gebucht und verbrachten eine Nacht im Park. Es war eine ganz besondere Nacht mit vielen Tieren und einem klopfenden Strauß. Den ersten Tag verbrachten wir im Freizeitpark und den Sonntag darauf im Tierpark.

Es war für jeden etwas dabei: für das Baby mit seinen elf Monaten, für den sechsjährigen Jungen, die schwangere Schwiegertochter und die Oma, die nicht mehr ganz so fit ist und ordentlich Probleme mit Hüfte und Knie hat.

Vorab hatten wir bereits einiges gefunden, das wir alle gemeinsam machen konnten, zum Beispiel die Unimog- und die Aqua-Safari sowie das Riesenrad und die Quad-Fahrt. Gut, mit Ausnahme des Babys.

Das Personal ist sehr freundlich und zuvorkommend, kein bisschen genervt trotz des hohen Andrangs.

Leider haben die Kinder ihr Kuscheltier in der Doppeldecker Lodge vergessen. Ich schrieb eine Mail und bekam sofort Antwort. Es war schon gefunden worden und wird seinen Weg nach Hause hoffentlich bald finden.

Ich hoffe sehr, noch einmal den Park besuchen zu können, irgendwann. Die Kinder haben jedenfalls fest vor, mit ihren Kindern wieder herzukommen.

So zieht sich diese Erinnerung durch die ganze Familie. Und bei meinem Sohn, seiner Frau und mir kam die Afrikasehnsucht wieder durch. Wir waren letztes Jahr in Namibia. Ein wundervolles Land mit wundervollen Menschen.

Vielen Dank für die Mühe und Zeit, die Sie in den Park stecken.

Birgit Moritz

DIE NASHORNGANG

Es war noch zu Beginn der Saison. Ein trüber Tag Ende März, Anfang April. Der Park hatte noch nicht komplett geöffnet, nur die Safari-Tour im eigenen Auto war möglich.

Es hatte viel geregnet in den letzten Tagen, alles war matschig und wenig einladend. Im Grunde war ich mehr oder weniger zufällig hier. Ich hatte beruflich in der Nähe zu tun und mir ein Zimmer in Walsrode genommen. Nun war allerdings mein Termin verschoben worden und ich wusste nicht, was ich machen sollte. Die City von Walsrode gab jetzt nichts her, der Vogelpark hatte noch geschlossen und auf dem Zimmer sitzen und den ganzen Tag durch Facebook scrollen? Nun ja, da war mir auch nicht nach. Ich fragte in der Pizzeria, in der ich zu Mittag aß, nach einem Freizeittipp, und man legte mir den Serengeti-Park ans Herz.

Es war mitten in der Corona-Zeit, die Durchfahrt durch den Park war preisreduziert. Der Tag wollte nicht so recht hell werden, die Bäume waren noch kahl, der Boden braun und teilweise schlammig. Es hatten noch ein paar andere Leute dieselbe Idee gehabt, aber nicht viele. Vor mir war ein Mercedes mit SAW-Kennzeichen, irgendwo in der Ferne ein weißer Handwerkertransporter, das war's. Ich fand es eigenartig skurril, diese ganzen exotischen Tiere im niedersächsischen Nebelgrau zu sehen. Sie schienen froh zu sein, dass nach dem langen Winter endlich mal wieder was passierte, und reihten sich alle am Straßenrand auf. Sie bewegten sich langsam, aber alle waren begierig, Kontakt mit uns Fahrern aufzunehmen. Ein Alpaka kam geradewegs auf mich zu. Eins der Dromedare linste zu mir durch die Scheibe. Irgendwie waren alle Tiere links von mir. Ich rollte also durch den Park, blieb immer wieder stehen, betrachtete die Herden, fuhr weiter usw. Bis ich irgendwann einmal zufällig nach rechts sah. Ich zuckte zusammen. Da standen drei Nashörner ein paar Meter von mir entfernt. Sie waren dicht nebeneinander und starrten zu mir herüber. Es sah aus, als heckten sie etwas aus. Ich fuhr weiter, bevor sie noch auf dumme Gedanken kommen konnten.

Manfred Morawitz, NRW

THE LEADER OF THE PACK

Meine Geschichte ist ein bisschen peinlich.
Damals war sie mir sogar sehr peinlich. Nun, nach all den Jahren, ist es natürlich lustig. Ich war oft mit der ganzen Familie im Serengeti-Park. Wir wohnen in Walsrode, und da ist es selbstverständlich, dass man eine Jahreskarte besitzt, vor allem, wenn man kleine Kinder hat. An einen Tag erinnere ich mich ganz besonders. Meine Frau und mein Sohn hatten irgendetwas anderes vor, ich weiß nicht, sie haben irgendwelche Leute besucht, glaube ich, und ich war mit unserer damals achtjährigen Tochter allein. Was macht man da? Klar, ab in den Serengeti-Park!

Ich fahre, meine Tochter sitzt auf dem Beifahrersitz. Damals konnte man noch mit dem Auto durch das Affengehege fahren. Da wusste man nie, was einen erwartete. Ob sie einem die Scheibenwischer abbrachen oder auf den Kofferraum kackten. Nun, diesmal schwang sich einer der Paviane auf die Frontscheibe. Ein großer Kerl, der Anführer der Gruppe. Er sitzt da also fett und breitbeinig direkt vor meiner Tochter und lässt seinen Riesenpenis auf die Scheibe klatschen. Patsch! Meine Tochter hat nichts gesagt, und ich habe die ganze Zeit überlegt, ob ich ihr etwas erklären sollte.

Ich war jedenfalls heilfroh, als der Kerl wieder vom Auto kletterte.

Olaf, Walsrode

DREHARBEITEN MIT AFFEN

Meine erste Begegnung mit Fabrizio Sepe muss Mitte der 90er Jahre gewesen sein. Der Serengeti-Park war damals bereits lange etabliert, aber mir relativ unbekannt. Ich war in einer ZDF-Produktion unterwegs und wir haben im Park Aufnahmen von den Tieren gemacht.

Für mich war es aufregend, weil wir mitten durch das Affengehege fuhren und die Tiere während der Fahrt versuchten, das Wasser aus der Scheibenwaschanlage zu trinken. Gleichzeitig haben sie die Gummidichtungen aus den Türen herausgezogen. Ich fuhr das Auto und hatte überhaupt keine Ahnung, wie man mit diesen Affen umzugehen hatte.

Wir hatten mit unseren Aufnahmen zu kämpfen und sind dann irgendwann aus dem Auto gestiegen. Und dann stand da plötzlich Fabrizio und sagte, es sei wahnsinnig, jetzt hier auszusteigen, weil mit diesen Affen nicht gut Kirschen essen sei. Das war wohl ein bisschen naiv von uns.

Wir sind dann wieder eingestiegen und weitergefahren, während die Affen gleichzeitig aufsprangen. Am Ende hatten wir einen riesigen Scheißhaufen hinten auf dem Kofferraum und Fabrizio, den heutigen Park-Chef, kennengelernt. Es war gleich eine besondere Begegnung, die zu einer sehr guten Freundschaft führte.

Frank Baebenroth,

Filmemacher, Hannover

DIE LÖWENSCHEISSE

Wir wohnten damals in der Innenstadt und ärgerten uns bei jedem Spaziergang über die vielen Hundehaufen auf den Gehwegen. Niemand fühlte sich dafür verantwortlich. Irgendwie erzählten wir Fabrizio Sepe davon.

Ich weiß noch, wie er lachte und vorschlug, uns einen Beutel mit Löwenkacke einzupacken. Die könnten wir dann in den Straßen verteilen.

„Wetten, dass die Hunde dann schnell weiterlaufen?“ Etwas in der Art hat er zu uns gesagt.

Frank Baebenroth und Irmgard Buchholz, Hannover

Von Daktari zum Serengeti-Park

Ich liebe den Park. Ich liebe das ganze Drumherum und fühle mich mit dem Park verwurzelt, und ich freue mich, wenn ich den Gästen etwas mitteilen kann, was sie noch nicht wussten. Als Einweiser habe ich gern mal einen dummen Spruch auf Lager, wenn ich zu den Autos gehe. Vor etwa 14 Tagen kommt zum Beispiel ein Wohnmobil angefahren. Der werdende Vater fährt die werdende Mutter. Ich sehe, wie sich die Frau den Bauch reibt und stoppe mit großer Geste den Wagen.

Ob ich einen Rettungswagen rufen soll, frage ich, anstatt „Jambo, herzlich willkommen" zu sagen wie üblich. Nein, diesmal habe ich ein bisschen improvisiert.

„Nee, nee, es ist alles in Ordnung", sagte die Frau. „Wir haben noch drei Monate."

Da sagte ich: „Ups!", und der werdende Vater fing schon an zu schmunzeln.

„Ja, es werden auch zwei", erklärte die Frau, und alle drei haben wir lachen müssen.

Das ist, was ich mag. Dieses Zwischenmenschliche. Dass die Gäste schon mit einem Lächeln in den Park kommen.

Angefangen hat meine Begeisterung für die Tierwelt mit der Serie „Daktari". Schon als Kind bin ich gern mit meinen Eltern und meinen beiden Brüdern hergekommen. Einmal im Monat waren wir bestimmt hier. Ich weiß noch, wie meine Eltern mal gesagt haben, in diesem Jahr fahren wir nicht in den Urlaub, dafür öfter zum Serengeti-Park, und das war vollkommen in Ordnung.

Meine Bekanntschaft mit Fabrizio Sepe begann 2014. In dem Jahr war die Autobahnabfahrt Westenholz für längere Zeit komplett in beiden Richtungen gesperrt. Niemand kam von der Autobahn mehr zum Park. Da bat Fabrizio Sepe in der Bildzeitung um Hilfe. Ich habe gedacht, diesem Menschen bietest du deine Hilfe an. Ich habe ihm geschrieben und wurde zu einem Gespräch eingeladen. Zu der Zeit wohnte ich in Springe zwischen Hannover und Hameln und hatte die Idee, die Schulprogramme, die hier angeboten werden, auch dort in Schulen vorzustellen. Ich bin zum Beispiel von Schule zu Schule gegangen und habe in den Lehrerzimmern Flyer vom Serengeti-Park verteilt – „Hier, wäre das nicht etwas für eure Klassen?“ Auf diese Weise haben eine Menge Schülerinnen und Schüler an pädagogischen Projekten im Park teilgenommen.

Später hatte ich die Idee, an den Wochenenden hier zu arbeiten. Erst dachte ich, ich werde Busfahrer, aber dann ergab es sich, dass ich die Autos auf dem Parkplatz einweise. Das ist wunderbar, das macht mir Spaß. Ich fühle mich im Park so wohl, dass ich mir sogar das neue Park-Logo auf den Oberarm tätowieren lassen habe. Natürlich habe ich Fabrizio Sepe vorher gefragt, ob das in Ordnung wäre, und er sagte, klar, mach es, und hat mir sogar einen Tattoo-Laden in Hannover vorgeschlagen. Als das Motiv fertig war, habe ich ihm noch aus dem Laden ein Foto geschickt und er schrieb sofort zurück: „Wow, klasse, wunderbar.“

Ich fühle mich sehr mit der Tierwelt verbunden. Jedes Mal erlebt man neue Geschichten. Schließlich sind die Tiere lebendige Wesen und bewegen sich. Man kann ihnen nahe sein. Das ist gerade für Kinder wichtig. Sie kennen diese Tiere sonst nur aus dem Fernsehen. Es macht Spaß, ihre Reaktionen zu sehen. Die großen Augen. Das Staunen. Der Löwe steht direkt am Auto und reißt die Schnute auf. Das ist klasse. Vor allem, wenn man die Tour mit dem Serengeti-Bus macht. Der Ranger, gleichzeitig der Fahrer, kann so viel zu den einzelnen Tieren erzählen. Das ist meine Welt.

Im Park sieht man immer wieder etwas Neues, man lernt neue Menschen kennen, alles ist sehr familiär. Der Chef ist ein guter Typ. Am liebsten würde ich meinen Beruf als Finanzbeamter an den Nagel hängen und Vollzeit hier arbeiten, aber das geht momentan leider nicht. So bin ich an den Wochenenden hier und mache den Einweiser-Job nebenberuflich. Mittlerweile arbeitet auch mein Sohn hier. Er wird als Teamleiter im Service im Eingangsbereich eingearbeitet und sagt auch immer: „Papa, das ist meine Welt.“

Meine Lieblingstiere im Park sind die Giraffen. Sie sind so imposante Wesen. Sie bewegen sich sehr langsam, haben viel Kraft. Eine Giraffe kann mit einem Tritt einem ausgewachsenen Löwen den Kopf zerschmettern. Man mag es nicht glauben, wenn man dieses liebe Gesicht mit den langen Wimpern sieht. Viele Menschen wissen nicht, wofür diese Wimpern sind. Wissen Sie es?

Die Giraffen ernähren sich von den nadelartigen Blättern des Akazienbaums, und wenn sie davon fressen möchten, nähern sie sich diesen Blättern sehr vorsichtig. Und mit den Wimpern schützen sie das Auge dabei.

Am besten ist, man fährt kurz vor Feierabend durch die Tierwelt. Die Tiere haben eine innere Uhr, sie wissen, es geht bald wieder in den Stall, sie stehen auf, werden beweglicher. Das wissen viele nicht. Die sagen sich, wir fahren morgens früh schnell durch die Tierwelt und gehen dann in den Freizeitpark. Aber die Kinder wollen nicht irgendwo hinten in den Büschen im Schatten einen schlafenden Tiger sehen. Sie wollen die Tiere in Bewegung sehen. Am besten kann man das bei den Nashörnern beobachten. Die sammeln sich vor ihrem Eingang, bevor sie wieder in den Stall kommen. Wenn man mit dem Auto vorbeifährt, muss man stehenbleiben. Öffnen sich dann die Türen der Ställe, trotten sie hinein. Letzte Woche war ich mit meinem privaten Auto in der Anlage, da haben sich vier große Nashörner um eine Matschpfütze gerangelt. Die

Matsche ist für die Pflege der Nashornhaut wichtig. Ich habe das vorher noch nie gesehen. Es war strömender Regen. Und diese vier großen Kerle im Matsch.

Ich wohne Luftlinie von hier acht Kilometer entfernt. Meine Frau und ich sind in 2017 aus Springe hergezogen, nur wegen des Parks. Ich wollte in der Nähe der Tiere leben.

Karsten Gutsmann,
Einweiser im Park, Düshorn

DIE SEDIERTE LÖWIN

Ich war sehr häufig im Park wegen Drehaufnahmen. Bereits seit den 90er-Jahren immer wieder. Ein paar brisante Situationen fallen mir ein. Zum Beispiel einmal in der Tigersektion. Eine Tigerin wurde zusammen mit Dr. Boer untersucht, eine andere war betäubt. Es war für eine Fernseh-Reportage. Ich stand da also mit der Kamera und während ich drehte, bemerkte ich plötzlich, dass die andere Tigerin aufwachte. Wir sprangen schnell in unsere Autos.

Es gab noch einen Nashornbullen, den ich filmte. Wenn ich stand, war er friedlich, alles in Ordnung. Sobald ich mich aber hinkauerte und die Kamera auf den Schoß nahm, wurde er unruhig und scharrte mit den Hufen. Das ist ein sehr beunruhigendes Gefühl, wenn man diesem Koloss so nah gegenübersteht.

Jörg Hieronymus,
Kameramann, Hannover

DIE RAUBKATZENMAMA

Ich habe mit 15 Jahren angefangen, im Serengeti-Park zu arbeiten. Einige Jahre habe ich die Reitbahn gemacht. Da hatten wir große Pferde, kleine Pferde. Die Besucher konnten auf ihnen ausreiten. Wenn das Getreide gemäht wurde, über die Stoppelfelder bis in den Wald. Ich habe die Pferde morgens von der Weide geholt. Sie wurden geputzt und fertig gemacht und die Besucher kamen und wählten aus. Ja, und dann war unsere Tochter unterwegs und ich musste aufhören, im Serengeti-Park zu arbeiten.

Im Park habe ich übrigens nicht nur die Vierbeiner kennengelernt, sondern auch die Liebe gefunden. Mein Mann Hameed Hamza war mit einem Freund aus Sri Lanka gekommen und über Umwege und Zufälle in Hodenhagen gelandet. Ich habe immer gesagt, der Mann musste erst von weither kommen, der so eine tierverrückte Frau wie mich nimmt. Ich war schon als Kind von Tieren besessen und habe alles mit nach Hause gebracht, was verletzt auf der Straße lag. So habe ich es mein ganzes Leben lang gemacht. Ein Beispiel: Mein Mann kommt nach Hause und irgendwo in der Ecke rasselt etwas. Das bedeutete, ich hatte wieder etwas gefunden, das verletzt war. Einmal eine Wasserschildkröte. Ich habe Wasser ins Duschbecken gefüllt und als mein Mann nach Hause kam, habe ich gesagt, heute ist die Dusche besetzt.

Er liebte das und fing an, kleine Häuser anzubauen. Ich weiß noch, damals bekam ich einen Stall für die Kaninchen mit Licht und allem Komfort. Und als wir dieses Haus hier bauten, ging es richtig los. Ich bekam einen großen Hühnerstall mit Raum für Futter und allem. Und Platz für meine Kaninchen. Alles wurde schön fertig gemacht. Sogar mit Frostwächter, dass kein Tier im Winter frieren musste.

Wir bekamen drei Kinder und es ergab sich, dass mein Mann vom Park die Flaschentiere, die nicht angenommen worden waren, mit nach Hause brachte. Er meinte, diese Tierbabys könnte ich doch aufpäppeln, und ich habe das sehr gerne gemacht, egal, welches Tier. Hunde, Affen, verschiedene Raubkatzen, also Tiger, Löwen, weiße Löwen, Leoparden. Es kommt oft vor, dass die Mutter sich nicht um ihre Babys kümmert, vor allem, wenn sie selbst schon ein Flaschentier war.

So fing es an mit dem weißen Tiger. Der war aus Spanien gekommen und ich habe ihn hier mit der Flasche aufgezogen. Später auch seine Söhne. Es ist nur eine kurze Zeit, dass sie niedlich und knuddelig sind. Dann fangen sie auf spielerische Art an zu beißen, wie eine Hauskatze auch. Das ist erst süß, aber man merkt schnell, dass sie ganz schön Kraft haben. Bereits mit drei

Monaten haben sie so einen starken Kiefer wie ein ausgewachsener Schäferhund. Wenn sie zudrücken, hat man eine anständige Verletzung. Dazu kommen die Krallen. Hier wurden oft Hosen kaputtgerissen. Ich bin auch ab und zu mal gebissen worden, aber zum Glück immer nur ein bisschen. Kratzer hatte ich allerdings oft. Wenn ich mehrere Raubkatzen hatte, haben sie sich um den Sauger gedrängelt und versucht, sich mit den Krallen an meinem Arm festzuhalten. Aus einer alten Lederjacke hatte ich mir einen Schutz angefertigt, wo die Fingerspitzen und der Daumen rausguckten, sodass ich noch Gefühl hatte für die Flasche, und dieser Schutz ging bis zum Ellbogen. Irgendwann habe ich gelernt, mit beiden Händen Flaschen zu geben.

Panther Paulchen und sein Kaninchen Lisa

Bei Einzeltieren musste ich mir etwas einfallen lassen, denn man kann nicht einfach nur einer kleinen Raubkatze Flasche geben und verschwinden. Sie möchten, dass man mit ihnen spielt und kuschelt. Meistens hatte ich mehrere Tiere gleichzeitig, aber dann kam Paulchen, der kleine Leopard, und war allein. So habe ich ein kleines Kaninchen als Spielkamerad aus dem Zoogeschäft geholt. Allerdings mochten die beiden sich nicht. Also bin ich nach einer Woche wieder mit dem Kaninchen zum Zoogeschäft gegangen. Die kennen mich da gut, aber ich wagte trotzdem nicht zu sagen, was für eine Art Tier der Spielkamerad war. Ich habe nur gefragt, ob ich das Kaninchen umtauschen könnte. So bekam ich ein anderes Kaninchen, die Lisa, und schaffte es, dass sie sich anfreundeten. Beide auf meinem Schoß und anfangs das Kaninchen in einem großen Käfig, sodass die Katze rundherum gehen konnte und durch den Draht Kontakt aufnehmen konnte. Mit Paulchen und Lisa wurde es die schönste Geschichte, gleichzeitig auch die traurigste.

Die beiden mochten sich so sehr. Sie schliefen zusammen im Zimmer, in einem kleinen Sessel, dicht an dicht. Sie haben sich geleckt und geputzt, und als ich anfing, die Raubkatze mit Rinderhack zu füttern, wollte auch das Kaninchen davon und hat es ohne Probleme vertragen. Auch Hähnchenbrust. Jeder wollte das fressen, was der andere fraß. Der Leopard fing an, Karotten und Kohlrabi-Blätter zu probieren, aber er hat es nur kaputtgebissen, den Kopf geschüttelt und wieder ausgespuckt. Als sie größer wurden, tobten sie draußen in einer Ecke herum. Das war einmalig. Ich hatte gedacht, das Spielen müsste aufhören, wenn sie beide so vier, viereinhalb Monate seien, weil der Größenunterschied dann schon enorm war und die Raubkatze vielleicht zu grob würde. Aber es sind neuneinhalb Monate geworden.

Schließlich wollte der Park den Leoparden zurück und ich konnte das Kaninchen nicht mitgeben. Die Besucher hätten das nicht verstanden und geglaubt, das sei

Lebendfutter. Wir mussten also die Tiere trennen. Mein Mann hatte Paulchen schon vorher oft mitgenommen zum Park, damit er das Gehege und die anderen Leoparden kennenlernte, und er mochte auch das Autofahren gerne. Als dann der endgültige Abschied kam, war ich ziemlich fertig und habe mich zurückgezogen, obwohl ich mitfahren sollte. Ich konnte das aber nicht. Und es war auch üblich, dass wenn das Tier fort ist, eben auch Schluss ist. Kein Kontakt mehr. Sonst haben alle Heimweh. Also keine Besuche, nichts.

Aber diesmal war es anders. Am vierten Tag sagte mein Mann: „Du musst mit Futter kommen. Und bring Lisa mit!“ Paulchen fraß nicht und saß nur traurig in der Ecke, und als er uns sah, kam er auf Samtpfoten angeschlichen, so ganz flach, und ist zum Wassernapf, hat getrunken. Und dann fraß er vom Gulasch und begrüßte sein Kaninchen. Alles war in Ordnung, bis er in seine Transportkiste kroch, die noch dort stand, und mir mitteilte, so, wir können nach Hause fahren. Das zu sehen, hat mich fertig gemacht. Und dann hat er geschrien, bis mein Auto nicht mehr zu sehen war. So ging das zehn, zwölf Tage. Ich kam mit Fleisch und Lisa. Dann habe ich das Kaninchen zu Hause gelassen und langsam fasste Paulchen wieder Vertrauen zu meinem Mann, denn der war ja der Buhmann, der ihn in den Park gebracht hatte.

Ich hatte schon daran gedacht, ihn wieder mit nach Hause zu nehmen. Aber ich durfte nicht. Man darf ja keine Raubkatzen privat auf dem Grundstück halten. Und es wäre ein zu großes Risiko gewesen. Um es uns nicht noch schwerer zu machen, bin ich manchmal anderthalb Jahre nicht zu ihm gegangen, und trotzdem hat er mich immer erkannt. Wenn ich am Draht war, stürmte er auf mich zu. Vor einigen Monaten ist er gestorben.

Die vergifteten Strauße

Dann habe ich noch eine komische Geschichte. Ich habe mal Strauße hier gezüchtet. Als es noch kein Internet gab, wusste niemand so genau, wie man die Eier ausbrütet. Es wurde gesagt, man sollte alles möglichst steril halten. Ich hatte im Keller eine einfache Brutmaschine, die ich von Hand drehen konnte, und nach und nach schlüpften die kleinen Strauße. Den ersten habe ich noch im Keller steril gehalten, aber dann merkte ich, das Tier ist einsam. Es frisst gar nicht richtig. Ich habe gedacht, in der Natur ist doch auch nichts steril, und ich nahm es mit hoch zu meinen eigenen Kindern. Nach und nach kamen die anderen Strauße, ich weiß nicht, zehn, zwölf Stück, und sie lagen zusammen mit den Kindern in einem großen Sandhaufen, den wir angelegt hatten. Das war schön, aber eines Morgens war ein Strauß gestorben.

Er war mittlerweile schon so etwa fünfzig Zentimeter hoch gewesen. Ein anderer torkelte wie betrunken hin und her. Ich dachte, da ist etwas faul, das muss ich untersuchen, wartete aber, bis die Kinder zur Schule waren und mein Mann im Park. Dann nahm ich den toten Strauß mit in das Affenhaus. Manchmal bringen mir Leute unerwartet Futter vorbei und das sollte jetzt keiner sehen. Ich habe den Strauß geöffnet, ihn also aufgeschnitten und den Magen rausgeholt, und den auch aufgeschnitten. Er war voll mit kleinen grünen Pflanzenkugeln.

Ich hatte keine Ahnung, was das war, habe in meinem Buch über Heil- und Giftpflanzen nachgeblättert und stieß auf „Nachtschattengewächs, hochgradig giftig".

Meine Kinder hatten damals jeder einen kleinen Garten, so zwei Quadratmeter, und eins der Kinder hatte das mit so einem etwa halben Meter hohen Draht eingezäunt. Und dahinter befand sich diese Pflanze. Jetzt hatte dieser Strauß die passende Größe, kam mit dem Kopf darüber und hat davon etwas abgepickt. Ich habe sofort meinen Mann angerufen, ihm alles erklärt und gesagt, er möchte sofort kommen und etwas vom Tierarzt mitbringen. Er kam mit einem Mittel in einer Spritze, das haben wir dem kranken Strauß in den Schnabel gespritzt, er hat sich ein paarmal übergeben und diese grünen Perlen kamen heraus. Wenn wir erst zur Tierärztin gegangen wären, wäre das Ergebnis zu spät gekommen und das Tier vermutlich gestorben. Ich konnte das, weil bei uns früher, als ich Kind war, Kaninchen und Hühner geschlachtet wurden. Das war normal, dass meine Oma den Kaninchen das Fell abgezogen hat und sie ausgenommen hat. Irgendwann hat sie mich gefragt, ob ich das auch ausprobieren möchte, weil sie ja eines Tages mal zu alt dafür sein wird. Ich habe zumindest zugeguckt. Die Tiere waren aber immer bereits tot gewesen. Ich habe nie gesehen, wie sie getötet wurden und kann auch nicht töten. Aber aufschneiden und Fell abziehen geht. Beim Huhn ist es ähnlich. Es wird hinten geöffnet und dann zieht man die Innereien heraus. Und da ist auch der Magen.

Raubkatzenaufzucht

Aber zurück zu den Raubkatzen. Ich hatte eine Aufzucht nach der anderen. Das ging in einer Tour, und dann habe ich die Raubkatzen immer stubenrein gehabt, sie sind aufs Katzenklo gegangen. Meistens gingen sie mit vier, fünf Monaten zurück in den Park. Das Allerhöchste war sechs Monate, dann können sie zu gut klettern und man kann nicht mehr garantieren, dass sie nicht ausbrechen.

Der Affe Mowgli ist auch immer wieder ausgebüxt. Hier in der Nähe wohnt eine alleinstehende alte Dame. Manchmal, wenn sie im Garten war, sprang er ihr auf die Schulter. Und einmal habe ich eine entfernte Nachbarin beim Einkaufen getroffen und sie sagte: „Frau Hamsa, was ich erlebt habe, kann ich gar keinem sagen. Plötzlich hatte ich einen Affen auf der Schulter!“ Sie hatte einen ziemlichen Schrecken bekommen. Und sie sagte: „Ich kann das ja niemandem erzählen. Die denken doch, ich bin verrückt."

Mit Tieren hat man schon ein anderes Leben. Wochenenden gibt es nicht. Keinen geregelten Feierabend. Urlaub zu machen ist auch problematisch. Erst, als die Kinder ein bisschen älter waren, flogen wir ein paarmal nach Sri Lanka zur Familie meines Mannes. Dann kümmerte sich meine Schwester hier. Einmal weiß ich noch, da war schon Adventszeit und wir hatten keinen Tiernachwuchs. Ich sage zu meinem Mann: „Oh, ich glaube, dieses Jahr kann ich mal versuchen zu stricken, diesen Winter habe ich Zeit." Und ich hatte es kaum ausgesprochen, da kam wieder was.

Und einmal waren Sommerferien und die Kinder freuten sich: „Diese Ferien einmal keine Raubkatze, dann können wir ja zum Baden fahren." Na, was soll ich sagen? Wieder kam kurzfristig ein Flaschentier. Das konnte ich nicht lange allein lassen. Oder wenn wir abends irgendwo eingeladen waren. Egal, es konnte eine Hochzeit sein. Wir mussten schnell nach Hause.

Zu einer Hochzeit haben wir einen Affen mitgenommen. Da habe ich mich vorher erkundigt, ob es einen ruhigen Nebenraum gibt, und hab den Kleinen da versorgt, wie ein Baby. Aber ich muss sagen, jeder hatte dafür Verständnis.

Den ersten weißen Tiger hatten wir noch versteckt gehalten. Er war aus Spanien direkt hier in die Stube gekommen. Wenn es an der Tür klingelte, guckten wir, ob auch die Katzenklos im Nebenraum waren. Damit das bloß nicht rumgeht. Der erste weiße Tiger in Hodenhagen. Er hat gerne Fernsehen geguckt. Am liebsten was mit Tieren. Später entschied Fabrizio Sepe, wir sollten es bekanntmachen, und so kam es, dass ich einige Male mit den Tieren bei Lanz, Johannes Kerner oder bei „Das rote Sofa“ war.

Der Elefantenflüsterer

Mein Mann wurde oft angerufen, wenn Tiere aus dem Park ausgebrochen sind. Vor allem waren das Affen. Er kam dann mit seinem Betäubungsgewehr und fing sie ein. Einmal bekam er einen Anruf, dass ein Affe auf dem Friedhof gesichtet worden sei. Hameed fuhr sofort los. Er suchte die Bäume ab und trat dabei auf ein Grab. Eine Frau beobachtete das und regte sich so sehr darüber auf, dass sie zur Polizei fuhr und meinen Mann anzeigte.

Regina Hamza,
die Raubkatzenmama, Hodenhagen

DIE VIP-ELITE-TOUR

Wir waren letzte Woche bei euch und buchten die VIP Elite Tour. Schon gleich am Anfang wurden wir von den Giraffen angehalten. Stopp! Da ging erst mal nichts mehr. Sie standen, wo sie standen. War ja auch schön, nur irgendwann möchte man mal weiter. Schließlich hatten wir ihnen so gut zugeredet, dass sie zu ihrem Futteranhänger schlenderten und den Weg freigaben.

Weiter ging es für uns zum Nashornstall (ein sehr beeindruckender Bulle) und rüber zu den Geparden, die gelangweilt aussahen und sich lieber mit zwei Happen unter den Busch verzogen, anstatt uns zu unterhalten. Und schwupp, schon waren wir wieder bei den Giraffenmädels. Und als würde das Auto nach Futter riechen (tat es vermutlich), tauchten sie auch schon direkt vor uns auf. Die eine wollte fast zu uns ins Auto krabbeln. War ja schon sehr süß, aber die Fahrerin bat mich, sie wieder herauszulocken. Ich hatte Futter in der einen Hand, das hielt ich fest umklammert. Dachte ich zumindest. Denn ohne, dass ich es bemerkt hatte, war das Grasbüschel weg. Unauffällig muss sie ihre Zunge an mir vorbeibewegt und sich den Leckerbissen stibitzt haben. Unbemerkt und in was für einem Tempo!

„So“, meinte die Fahrerin, „langsam wird es Zeit für

den Abschied von den Giraffenmädels“, aber die hatten sich das wohl anders vorgestellt. Schon die Schiebetür des Wagens zu schließen, war ein Problem. Endlich geschafft. So. Und als wir dann losfahren wollten, baute sich eine der Giraffen vor uns auf, eine andere stellte sich nach hinten. Wir waren also eingekesselt. Sie hielten uns gefangen. Wir kamen aus dem Lachen nicht mehr heraus! Erst recht nicht, als sie anfingen, mit ihren Zungen die Scheiben zu putzen und versuchten, über die Oberlichter den Kopf in den Wagen zu bekommen. Als die Giraffe hinten merkte, dass sie mit ihrer Taktik keinen Erfolg hatte, kam sie an die Fahrerseite und nuckelte ausgiebig am Seitenspiegel. Allmählich zogen sie ab.

Das war mal ein Erlebnis! Von Giraffen in die Zange genommen zu werden! Zum Glück sind eure Tiere sehr friedlich.

Ich hoffe, euren Park wird es noch lange geben, damit ich eines Tages mal mit meinen eigenen Kindern zu euch kommen kann.

Kira

TIERAUSBRÜCHE

Über Nacht hatten wir einen Sturm in Hodenhagen. Als wir am Morgen in den Park kamen und die Zäune kontrollierten, sahen wir den umgestürzten Baum. Der Zaun war an der Stelle hinüber und nachdem wir die Tiere im Gehege durchgezählt hatten, wussten wir, dass drei Kängurus ausgebüxt waren. Wir haben erst einmal in den anderen Bereichen des Parks gesucht bzw. die Kollegen informiert, dass alle nachsahen. Aber die vermissten Kängurus tauchten nicht auf. Wir bekamen im Laufe des Tages einen Anruf von außerhalb des Freizeitparks, dass auf einem Parkplatz in der Nähe ein Känguru gesichtet worden war. Wir fuhren dorthin und konnten das Tier mit einem Netz einfangen. Von den beiden anderen war allerdings nichts zu sehen. Den kompletten Tag lang haben wir im Park weitergesucht und auf Anrufe gewartet. Nix, gar nichts. Überhaupt nichts.

So, und dann kam der nächste Anruf von außerhalb. Das war, glaube ich, so vier bis fünf Tage später. Es hieß, jemand hätte ein Känguru im Feld gesehen. Das war Richtung Eickeloh. Wir fuhren also hin und sahen tatsächlich einen Kopf aus dem Getreidefeld gucken. Aber leider war es nur ein Reh. Und so ging es die nächsten Tage weiter. Wir fragten schon am Telefon: „Sind Sie sicher, dass es kein Reh ist?“ Die Leute sagten dann, ja ja, sie hätten das Känguru genau gesehen, als es durch das Getreide gesprungen ist, aber wenn wir hinfuhren, waren es doch nur wieder Rehe. Dann hatten wir einen Anruf aus der Nähe von Krelingen bekommen. Dort fuhren wir mehrmals hin, weil da tatsächlich Känguruspuren in einer Sandkuhle waren. Wir legten Futter als Köder aus, aber so eine richtig gute Idee war das auch nicht, weil wir damit Rehe und andere Tiere anlockten. Wir schauten jedenfalls öfters nach, und auch weiterhin natürlich im Park. Abends in der Dämmerung machten wir Touren und fuhren mehrmals gemeinsam los, Fabrizio Sepe, Herr Hamza, Herr Kant und ich. Wir waren ausgerüstet wie die Jäger, mit Taschenlampen, Kescher, Betäubungsgewehr und Kisten. Wir haben uns auf die Lauer gelegt, bis es dunkel wurde, sind entlang der Flüsse gelaufen, haben ganze Felder durchquert. Es blieb dabei, wir hatten kein Glück. Das zog sich mehrere Wochen hin, bis wir wieder einen Anruf bekamen, wieder aus Krelingen, und dann tatsächlich das Känguru vor Ort antrafen. Wir haben mit dem Betäubungsgewehr geschossen, aber der Pfeil hatte sich nicht ganz ausgelöst. Das hatten wir erst später gesehen. Wir versuchten, das Känguru an den Ackerzaun zu treiben. Das klappte und ich konnte es am Schwanz fassen. Das Tier fängt dann an, sich zu drehen, und durch das Drehen der Gelenke können sie schnell wieder flüchten, aber wir konnten es so halten, dass wir es in die Kiste bekamen und zurückbringen konnten. Die Presse war auch da, es war eine große Geschichte.

Fehlte allerdings noch das dritte Känguru. Das fing schließlich Herr Hamza ein. Wir hatten Anrufe von Bauern erhalten, die auf den Feldern arbeiteten. Sie hatten ihr Getreide abgemäht und sahen das Känguru. Herr Hamza baute eine richtige Falle mit Pfählen auf dem Boden, woran er Netze befestigte. Die anderen Enden der Netze wurden an einen Baum gebunden, der sich bog. Futter in die Netze, so. Endlich, ein paar Tage später, war das Känguru darin, wir hatten alle gekriegt. Aber es sind so kleine Sachen, die öfters hier passieren.

Auch Affen sind häufig ausgebrochen. Zuletzt waren es die Husarenaffen. Wir mussten die Feuerwehr anrufen, weil die Affen zum Teil in die großen Eichen geklettert waren, bis in die Spitzen, sodass wir sie gar nicht kriegen konnten. Das war in Hodenhagen. Wir hatten auch schon mal ausgebrochene Klammeraffen. Oder Bartaffen, die nach Essel geflüchtet waren. Da war ich auch mehrere Wochen unterwegs. Morgens um sechs beim ersten Licht rausgegangen. Ja, wir hatten hier Anrufe von Allertal, hinter Ahlden, wo ich täglich hingefahren war. Da war ein Schwarzaffe ausgebrochen. Die sind etwa so groß wie ein Labrador. Wir fuhren hin und her und guckten immer durch das Fernrohr. Auch zu der Zeit standen die Maisfelder voll und der Affe hatte eigentlich genug zu fressen. Schließlich haben wir Anrufe aus Essel bekommen, dass er nachts die Mülltonne von den Häusern aufgemacht hat. Aber da war wieder das Problem, ob es wirklich der Affe war oder nicht doch ein Waschbär. Die haben wir häufig in dieser Gegend. Ich habe mir Schilder ausgedruckt mit Bildern von den Affen und habe sie an die Bäume entlang der Spazierwege geklebt.

Dann rief mich ein Bauer an, er hätte ihn gesehen, und ich habe ihn gebeten, bitte dort zu bleiben und auf den Affen aufzupassen. Ich bin schnell in mein Auto gestiegen, Betäubungsgewehr rein. Hochgefahren. Der Affe war da. Er hat mich erkannt und ist weg. Dann bin ich noch so zwei Wochen immer hin und her, habe nach diesem Affen gesucht. Immer war er kurz da und wieder weg. Ich ließ mir vom Tierheim Hodenhagen einen Hundekäfig bauen. Wir mussten ihn ein bisschen umbauen, damit die Schiebetür vorne schwerer war. Der erste Versuch: Käfig auf dem Feld, Futter reingetan, Affe kam rein. Bumm, Tür zu. Aber der Affe hat die Tür kaputt gemacht und ist wieder geflüchtet. Dann brauchte ich noch ein paar Tage, bis er sich wieder beruhigt hatte und habe diesen umgebauten Käfig nochmal mitgebracht, hingestellt aufs Feld. Morgens um sechs kam ich und sah den Affen vor dem Käfig sitzen. Darauf bin ich wieder weggefahren, habe das Auto irgendwo abgestellt und bin zu Fuß zurückgekommen. Er ist dann in den Käfig gegangen und wir haben ihn gekriegt. Die Sache ist die, dass die Affen in der Umgebung genug zu fressen finden. Sie holen alles aus dem Boden, kleine Körner von den Bäumen. In der Nähe vom Feld hatte der Bauer einen kleinen Campingplatz gehabt mit Wohnwagen, und auf diesem Platz waren Apfelbäume, Birnbäume, alles Drum und Dran. Meistens hat er wahrscheinlich abends dort Obst und Mais gefressen. Er hätte sich bis zum Winter gut vollfuttern, und dann zu den Mülltonnen weitergehen können.

Bis jetzt haben wir alle ausgebrochenen Tiere einfangen können. Außer vor einigen Jahren einen Ellipsenwasserbock. Er ist durch den Eingang raus und quer hochgelaufen, beim Pförtner hinten vorbei und weg in den Wald. Das Tier war dunkelgrau. Zwar mit einem weißen Ring auf dem Hinterteil, aber doch vor allem dunkelgrau. Wenn diese Tiere im Wald verschwinden, ist es kaum möglich, sie zu erkennen. Sie verschwimmen mit dem Hintergrund. So mussten wir ihn schweren Herzens leider für die Jäger in der Gegend freigeben, weil die Autobahn zu nah und die Gefahr groß ist, dass er einen schlimmen Unfall verursacht. Er hat so vier-, fünfhundert Kilo, und wenn er auf ein Auto trifft, das mag man sich nicht ausmalen. Diese Wasserböcke sind Fluchttiere. Sie rennen drauflos und man hat im Grunde keine Chance, sie einzufangen.

Eine Raubkatze ist zum Glück nie ausgebrochen.

Liebe

Im Laufe der Jahre habe ich im Park viel erlebt, aber auch viel wieder vergessen. Etwas sehr Besonderes ist 1993 passiert. Da habe ich meine Frau hier kennengelernt. Sie war damals allein mit ihrer kleinen Tochter und fing im Park als Tierpflegerin an. Inzwischen sind wir über dreißig Jahre zusammen, haben noch zwei Söhne bekommen, und das ist für mich bis heute das Schönste, was ich hier erleben durfte. Sie arbeitet auch immer noch im Park, bei den Antilopen. Wir sind sehr glücklich zusammen. Uns verbindet auch die Liebe zu den Tieren, das ist schön.

Tiger

Ich komme gebürtig aus Schottland, von Loch Lomond, und habe früher in einem Bärenpark in der Nähe von Glasgow als Tierpfleger gearbeitet. 1980 kam ich nach Hodenhagen, da war ich siebzehn, und war begeistert, dass die Tiere hier so viel Freiheit hatten. Diese großen Flächen. Man ist reingekommen und hat gedacht, man ist in Afrika. Das war der Hammer.

Der Tierinspektor aus dem schottischen Park kannte den Tierinspektor hier. Das war der, der später bei dem Tigerangriff ums Leben kam. Simon. Wir hatten eine enge Verbindung und haben zusammen im Park gewohnt, auf dem Campingplatz. Wir waren praktisch 24 Stunden auf dem Gelände. Es war eine sehr schöne Zeit. Wir haben mit den Tigern gespielt. Das habe ich alles von Anfang an miterlebt, wie die kleinen Tiger aus Amerika kamen, junge Bengal-Tiger, und ein sibirischer Tiger war dabei. Das war der, der Simon getötet hat. Ein Nackenbiss und weg war er. An diesem Tag hatte ich frei, mein Kollege hatte Aufsicht.

Mir sind auch ab und zu Kleinigkeiten passiert, aber es war mehr oder weniger aus Blödsinn. Wir hatten einen Tiger namens Heinz. Wir fuhren immer mit einem alten Käfer in die Sektion und Heinz kam jedes Mal auf uns zu und legte sich in die Mitte der Straße. Du konntest mit dem Auto auf ihn zufahren, du konntest hupen, alles machen, Heinz stand nicht auf. Du musstest ein Stück zurückfahren, die Tür aufmachen, den Sitz umklappen und Heinz kam rein und legte sich auf den Rücksitz. Tür zu und du bist mit weggefahren und hast ihn in der Sektion wieder rausgelassen. Das war die einzige Möglichkeit, ihn von der Straße zu kriegen. Klar war das so nicht erlaubt, aber das wussten wir nicht. Unser Ansprechpartner war nicht Paolo Sepe, sondern Simon. Das ging mit Heinz auch immer gut, bis ich nachlässig wurde. Ich fahre mit dem Wagen ran, gucke nach links, lasse den Tiger auf die Rückbank und ziehe die Tür zu, ohne zu merken, dass der Tiger noch seinen Schwanz draußen hatte. Er ist dann im Auto auf mich losgegangen, hat mir in den Kopf und die Hand gebissen. Ich war damals achtzehn und das war eine wichtige Erfahrung für mich, denn durch all diese Spielereien hatte man fast vergessen, dass es Wildtiere sind. Von da an war ich vorsichtiger. Wir hatten auch wirklich viel mit den Tigern gemacht. Zum Beispiel sind wir mit ihnen abends, wenn der Park geschlossen war, im Teich geschwommen. Oder wir haben uns von allen zwölf Tigern abends jagen lassen. Nicht vom sibirischen Tiger, aber zu den anderen hatten wir Vertrauen. Wir sind vor ihnen hergelaufen, bis ins Haus. Die Tiger haben uns reingejagt, aber kamen hinter uns hergelaufen. Und dann haben wir sie im Haus eingesperrt. Alles solche Spielereien.

Und dann erinnere ich mich noch an das Colobus Äffchen, das ich von Hand aufgezogen habe. Es bekam einen gefährlichen Pilz und ist daran gestorben. Man erlebt so viele Sachen. Man baut Kontakt zu den Tieren auf, man hängt sein Herz daran, und dann, ja, es schmerzt auch oft.

Tam Barrass, Tierinspektor

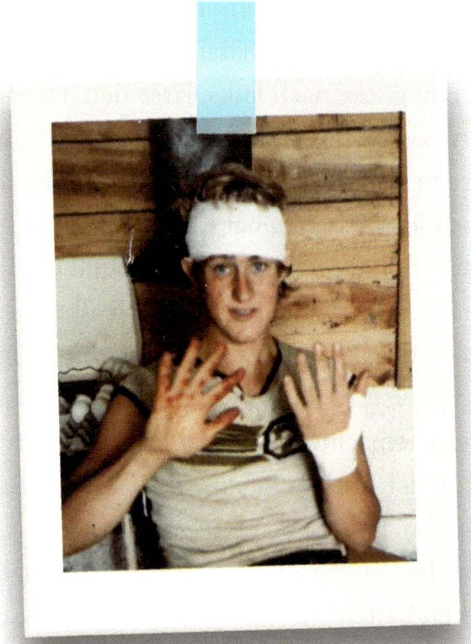

SERENGETI PARK
RESORT · HODENHAGEN
Gesucht
Keine Einfangversuche, bitte ausschließlich Sichtungen umgehend melden.
Wenn Sie das Tier gefunden haben oder wissen, wo es sich aufhält, rufen Sie uns bitte umgehend an!

„Wir müssen lernen, mit den Tieren und der Natur zusammen in Harmonie zu leben. Auch um unsere Zukunft zu retten.
Wir sollten das Leben feiern und dankbar für die Natur und den natürlichen Kreislauf sein. Alles ist miteinander verbunden."

Der Serengeti-Park Hodenhagen ist einzigartig in Europa. 220 Hektar Land, 1500 Tiere, 40 Fahrgeschäfte, Shows und Übernachtungsmöglichkeiten. Jährlich kommen 700 000 Besucher in den Park.

Fabrizio Sepe, Geschäftsführer, alleiniger Inhaber und Sohn des Gründers Paolo, erzählt die beeindruckende und emotionale Geschichte seiner italienischen Familie und des Aufbaus des größten Safari-Parks Europas. Die Geschichte beginnt, als er mit drei Jahren von seiner Mutter aus Mailand nach Hodenhagen zum Vater gebracht wird, wo dieser gerade den Serengeti-Park aufbaut. Fabrizio lebt nun in einem Land, das er nicht kennt und dessen Sprache er zunächst nicht spricht. Und vor allem muss er mit seiner Einsamkeit umgehen. Der Vater ist streng, die Stiefmutter und -schwestern sind abweisend. Doch da sind auch die geliebten kleinen Löwen, die Krokodile und Elefanten und all die anderen Tiere. Sie sind die einzige Konstante in seinem Leben, und es entsteht eine Liebe, die ein Leben lang halten soll.

EINBLICKE IN DEN PARK

BAHN

EINBLICKE IN DEN PARK

EINBLICKE IN DEN PARK

SERENGETI
PARK

maximum-verlag.de
/MaximumVerlag
@maximumverlag